# 坐好月子
# 過好日子

## 中醫師彭溫雅的女性調理書

彭溫雅——著

**女人，妳值得好好呵護。**

中醫師彭溫雅以橫跨中西醫學的專業背景，
從經期護理、懷孕保健、坐月子調養等各個階段，
針對女性體質深入淺出解說調理之道。

# 自序

如果沒有親身經歷過生產與坐月子的過程，恐怕不太容易理解坐月子調理的背後，不能說的秘密……

台中，位於台灣的中央，周圍有盆地及丘陵，中央是一大片的台中盆地，是我的故鄉。我在氣候宜人的故鄉生了兩個小孩，在生完老大後的坐月子期間，我開始發揮神農嘗百草的精神，將學生時代所讀過，古籍裡的產後經方，一一使用在自己的身上，當時曾經發生的一段小插曲，至今仍令我印象深刻。

傳統產婦剛生產完，都會建議喝生化湯，因為以目前台灣西醫的治療模式，產後三天會留在醫院觀察產婦的狀況，觀察惡露、傷口及子宮的恢復，幾乎都會使用口服的子宮收縮劑西藥。由於我產後惡露量相當多，剛回家開始坐月子時不敢吃傳統生化湯，擔心生化湯裡化瘀血的效果太強，恐怕惡露量更大，當時夜用型的棉墊，幾乎每一到兩個小時就要更換一次，還出現輕微頭暈、嘴唇蒼白、手腳冰冷的症狀。第一胎坐月子時在十月底，剛過霜降節氣，這是秋天的最後一個節氣，接下來就進入冬季了。霜降是一個早晚溫差非常大的節氣，我常常一早起來吸到冷空氣，噴嚏鼻水便打不完，到了中午卻熱到全身冒汗，又不敢開空調，加上產後失血，身體一直處於非常虛弱的狀態。

中醫理論認為，氣屬陽、血屬陰，氣能生血、行血，陽生則陰長，氣充則血生，以我自身屬鼻過敏的氣虛體質，加上產後失血的血虛體質，我心裡馬上想到金元四大家之一的李東垣，有一帖藥方，流傳至今超過八百年的歷史，只由黃耆、當歸兩味藥材組成，用於氣弱血虛，效果顯著！我馬上請家人去中藥房買了當歸一兩、黃耆五兩，遵照古書上寫的比例及煮法，仔細的先浸泡、後熬煮，頭煎以兩碗水煮成一碗後，再煮一次。明代李時珍曾說：「劑多水少，則藥味不出，劑少水多，又煎耗藥力。」煮好這帖「當歸補血湯」後，我早晚空腹各喝一次，連喝三天。老實說，感覺效果平平，心裡不免有些失望。

十一月中時，月子也差不多做了一半，對於新生兒的作息比較習慣後，決定再來試試這帖流傳八百年的名方，因為擔心自己可能是在某個環節有疏失，決定再試一次。黃耆的量為當歸的五倍，很快不夠了，便請家人再去補買。我拿了剩餘的黃耆，加上新買的黃耆，準備一起秤重，突然發現，兩種黃耆的顏色不一樣！舊的黃耆，皮色呈深咖啡色，新的黃耆，皮色呈淡黃色，我想，「應該是放太久受潮了，還是全部用新的黃耆吧！」這一次的結果非常好，喝第一口的感覺就不一樣，身體內就像有一股暖流從腳底湧上來，感覺非常舒服，當天晚上，是我生完第一次一覺睡到天亮的經驗，感覺真是太美好了！

我立刻請家人買更多的當歸、黃耆，這次家人買回來的黃耆，皮色就呈現深咖啡色。我馬上翻開中藥材鑑別手冊，發現黃耆果然分成兩種，一種是藥用的飲片，外皮呈淡黃色，稱為黃耆，或俗稱北耆、青耆、生耆；另一種是外皮呈深咖啡色，稱為晉耆，或紅耆，以現代的中藥材標準而言，晉耆算是一種品種的誤用了。

即使是由最簡單的兩味藥組成的複方，所需要注意及了解的部分仍然非常多，從藥材的基原鑑別、藥材品質、採收的時間、所含的藥理成分及活性成分等等，仍需一步步地建立起準則。

回到坐月子，這個過程代表著兩個人結婚，生了小孩，並且重新建立起一段新的關係，新的婆媳關係、夫妻關係、親子關係、人際關係等，一個新的溝通模式，及一段新的人生旅程。

謹以此書，獻給我深愛的家人及朋友們，謝謝你、謝謝妳，也獻給所有正在路上和準備上路的偉大女性們！

# 目錄

## 中醫如何提高受孕力？51／



## 懷孕前中後期的調理重點 61／

## 第三章 補對體質，好命坐月子

## 第四章　中醫師的食補食譜 157／

# 第一章

# 讓人又愛又恨的生理期

# 愛自己，先從了解生理週期開始

女性與男性最大的不同，便是生理期的有無。身為一位現代的女性，對於生理期一定要充分了解，才能知道要怎麼好好愛自己。

其實，生理期可以視為是女性的健康成績單，以正確的知識來認識女性獨有的生理期，相信不論現在的妳是初經剛至的青春期、窈窕淑女的熟齡期，甚至是處於青春尾巴的更年期，都能夠活得更健康、更輕鬆，也更加自信！

另外也要強調的是，中醫婦科不像大家想像的那麼傳統。現代的中醫婦科學，中醫師除了可以透過望聞問切，了解病人的體質後開立藥方，更經常借助許多現代科學儀器的輔助檢查，像是X光機、超音波儀器、子宮頸抹片、子宮鏡、電腦斷層掃描，甚至抽血檢查的報告，都可以用來輔助了解患者身體的真正情況，讓中醫師能夠進行更精確的判斷，或提供治療前後改善的數據，讓患者更安心也更有信心！當然，治療的成效還是取決於良好的醫病關係、醫者確實掌握患者疾病特質及體質，還有日常生活的保健都是缺一不可。

## 子宮為「奇恆之腑」

中醫將體內的臟器，以「五臟六腑」稱之。「五臟」指的是肝、心、脾、肺、腎，主要的功能為將食物經過消化吸收後所產生的營養物質，輸送到全身，並進行營養物質的儲存，也就是游溢、生化、儲藏精氣的功能；「六腑」指的是膽、小腸、胃、大腸、膀胱、三焦，主要的功能為接受食物、消化食物、進行系統性的傳輸，並進一步吸收食物中營養的部分，排出多餘的水分及食物殘渣，也就是受納、腐熟水穀、傳化及分清泌濁的功能。另外腦、髓、骨、脈、膽、子宮，因為具有儲存精氣的功能，功能類似臟，但形體類似腑，所以統稱為「奇恆之腑」，主要功能為藏而不瀉，廣義的「奇恆之腑」，稱「女子胞」，指的是包括子宮、卵巢及輸卵管等內生殖系統的總稱。

生理期的產生與女性器官有密不可分的關係，女性特有的子宮，位於下腹部，未懷孕的子宮，大小約一個拳頭大，像顆倒立的梨子，左右透過輸卵管，與卵巢相連。子宮在中醫稱為「胞宮」或「子臟」，子宮壁的內膜是光滑的黏液性物質，內膜隨著體內荷爾蒙的變化，產生脫落的現象，便稱為「月經」。在月經期間，透過子宮的收縮，會排出子宮內膜及經血，有些許血塊是正常的現象，但是如果是持續性的血塊或越來越大塊的血塊時，建議還是要積極尋求婦產科醫師的協助，先確認是否有肌瘤或息肉的產生。

## 月經的形成

女性的生理期，是受到荷爾蒙的影響而形成，從女孩子第一次初經來潮，女性的健康狀態便與荷爾蒙息息相關，從外貌到各種女性特徵，都是檢視身體健康的密碼。一般在初次月經過後，每隔二十八天左右會再來一次月經，從第一天月經來潮到下一次月經來潮的第一天，這樣的間隔，我們稱之為「月經週期」。在初經後，由於青春期時卵巢的功能還不穩定，月經的週期不一定會非常規則，不需要太擔心，但是務必要確實記錄每次月經的日期，包括來潮的日期及持續的時間，這樣的資訊在提供身體狀況判斷時很有幫助。

我們已經知道月經是未懷孕的子宮內膜剝落所形成，而子宮內膜週期性增厚的原因，是受到雌激素的影響。簡單的說，卵巢的皮質部有許多原始卵泡，但每個月只會有一個卵子在濾泡中成熟，在卵子成熟的過程中，會有雌激素不斷的刺激卵泡成熟，同時也刺激子宮內膜充血、增厚，形成一個適合受孕的環境，排卵後，卵子會逐漸往輸卵管移動，如果卵子未受精，相關的雌激素會慢慢下降，最後導致子宮內膜的剝落，混合黏液物質及其他分泌物一起排出陰道，便形成月經。

中醫對於女性月經的認識，最早是在《黃帝內經》便有詳細記載。在《素問・上古天真論篇》提到：「女子七歲，腎氣盛，齒更髮長；二七而天癸至，任脈通，太衝脈盛，月事以時下，故有子。」意思是說，傳統醫學對於女性生育能力的認識，認為大約在十四歲時，開始月經來潮，並有生育能力。任脈，是指全身諸陰脈匯集的地方，也是太陽照不到的地方，從會陰部走到下巴的位置，是身體非常重要的經絡，與女性的經期息息相關。衝脈，是指從頭到腳，貫穿全身，供應五臟六腑氣血的重要經絡；衝脈為五臟六腑十二經絡之海，總領全身精氣血，為「十二經之海」、「五臟六腑之海」及「血海」的要衝。

自古以來，中醫就認為「女人是水做的」，也就是說，女性調理以血為主，男性調理以氣為主，正常女性生理中的經、帶、孕、產、乳，與精、血、津、液等息息相關。因此女性月經的調理，與衝任二脈更是直接相關聯。

## 初經來臨注意事項

關於女性月經的形成，還有一本巨著《醫宗金鑑》，在〈婦科心法要訣〉篇中提到：「先天天葵始父母，後天經血水穀生，女子二七天葵至，任通衝盛月事行。」意思是說，天葵是一種促進性腺成熟的物質，類似女性荷爾蒙，先天天葵來自父母親，與遺傳相關，因此母親的月經情況與女兒的月經情況會有某種程度的相關性，這是屬於遺傳方面的影響；後天天葵來自脾胃對於營養的吸收，藉由每天三餐的飲食，身體能夠得到消化吸收後精華物質，等到女生長到十四歲，身體發育成熟後，開始第一次的月經，即為初經。

初經報到的一兩年內，由於身體的內分泌系統還未穩定，如果有月經不規則的現象，尚屬於正常範圍，但是務必提醒須注意觀察月經的日期、天數、經血顏色、血量、血塊狀況或其他不適現象，同時不論月經量多或少，至少每兩個小時要更換一次適合經量需求的衛生棉墊，如果在整個月經期間並無明顯不適現象，也可以繼續原本的運動。適量的運動可以幫助經血順利排出，並讓身體保持良好的循環，只要避免過度激烈的運動即可。

## 脾胃與月經的關係

「脾」在中醫為五臟之一，「胃」在中醫為六腑之一，兩者的作用相輔相成，負責身體的「消化系統」，與食物的消化吸收相關。西醫的「脾臟」主要為造血器官，「胃」指消化器官，與中醫所指的整個消化系統，範圍不盡相同。中醫古籍記載：「脾胃為後天之本。」也就是除了先天受到遺傳相關的體質，如果能夠透過日常生活的良好飲食習慣，照顧好最根本的消化系統，調理好脾胃，就能進一步幫助身體的正常發育。一旦身體變健康，與女性健康息息相關的月經自然會受到正面的影響。

想要擁有健康的體質、正常的月經，並非難事，除了要持之以恆的關心身體大小警訊，更要真正了解身體的需求，重視身體脾胃的調理，除了要認識各種食物的屬性，了解在不同季節要吃不同的食物養生，而非人云亦云，才能真正補養脾胃這個後天之本，才不會補過頭又傷身。

# 改善生理期不適，中醫的解決之道

女性在月經來潮前，總是會出現一些徵兆，就像是在告訴妳：「生理期快要來囉！」我們稱之為經前症候群，一般的可能症狀有易怒、暴躁、歇斯底里、便秘、長青春痘、心情低落、精神差、水腫等，那麼該如何解決這些問題呢？

## 經前症候群的類型

以中醫的觀點來看，我們會將最常見的經前症候群分成兩種類型，分別是氣滯型、陰虛型。

**1. 氣滯型：**心情低落、脾氣暴躁、便秘、乳房脹痛，這類型的人我們通常會使用疏肝解鬱法，幫助紓解不良的情緒，減輕患者的壓力，例如逍遙散、柴胡疏肝散等複方中藥，都有很好的療效。另外，有一些食物也很有幫助，例如柑橘、蕎麥、韭菜、大蒜、玫瑰花茶、薄荷茶等。

**2.陰虛型**：容易疲勞、頻尿、腰痠、睡眠品質差，這類型的人我們通常會使用健脾補腎法，因為體質較虛，透過滋補肝腎，替身體補元氣，例如知母地黃湯、知柏地黃丸、六味地黃丸、健固湯、腎氣丸等藥方，都有很好的療效。另外，有一些食物也很有幫助，例如百合、銀耳、木瓜、波菜、山藥粥、糯米、大麥、土豆、香菇、雞肉、牛肉等。

## 容易生理痛的體質

以中醫的觀點來看，我們會將容易經痛的人分成兩種體質。

**1.陽虛質：**這類型的人體質偏虛，容易手腳冰冷，身體也格外地怕冷，就算夏天也不愛吹冷氣，小便的顏色比較清，建議平時可以多吃一些屬性較熱的食物，例如牛肉、羊肉、生薑、當歸等，而西瓜、冰飲、梨子等屬性較涼的食物，則是盡量不要多吃。

**2.血瘀質：**這類型的人膚色跟唇色都會比較暗沉，舌頭的顏色也偏紫，還有皮膚粗糙的問題，刷牙時經常出血，有時瘀青都不知道原因為何，情緒也會比較暴躁，經血的顏色偏暗，還有血塊的問題，建議平時可以多吃一些能活血行氣、疏肝解鬱的食物，例如金橘、山楂、玫瑰花、黑豆、川芎等，不要吃得太過油膩。

## 減緩經痛必備飲品

中藥成分的酸梅湯，組成包括烏梅、山楂、甘草、洛神花等，裡面含有很多人體需要的微量元素，例如氨基酸、不飽和脂肪酸、膳食纖維等，以中醫的觀點來看，喝酸梅湯能夠保健強身，是很好的食物。

特別是初經剛至的小女生，很難克制不喝冷飲，此時可以適度喝些酸梅湯，有時可以舒緩經期腹部不適的症狀，酸梅湯當中的山楂，性味酸溫，是中醫常用於健脾開胃、活血化痰的藥材，如果屬於血瘀質體質的人，吃點山楂，也能幫助舒緩經期的不適，山楂屬性較溫，能夠活血行氣，達到減緩經痛的功效，也能夠疏肝解鬱，讓暴躁的情緒獲得撫慰。

## 以中西醫觀點看經期肌膚保養

生活上的保養，是不管什麼時候都要做的，而且不管從中醫或西醫來看都一樣。每天都要維持適量的運動、多喝水，並保持良好睡眠品質，促進身體的新陳代謝，幫助老廢角質排出體外。另外，也要注意排便的情況，要知道便秘也是肌膚出現問題的常見原因之一。只是因為女性在生理期的時候，荷爾蒙會產生很大的改變，這時膚況就會跟著改變，因此很多人都說經期簡直就是肌膚的危險期。

### 經期是肌膚的危險期

一般來看，女性每個月面臨經期時，因為荷爾蒙產生劇烈的改變，女性的肌膚會變得較敏感，只要受到一點點刺激，可能就會對肌膚帶來負擔，因此很多女性在月經來潮前都很容易長痘痘，甚至膚色變得暗沉；而經期中，荷爾蒙依舊難以控制，再加上女性的情緒往往會不穩定，壓力比較大，所以通常都會反映在膚況上，除了長痘痘，膚色變得暗沉之外，皮膚也會比較粗糙，粉刺問題也會特別嚴重。

在月經期間，保養建議清潔、保濕、防曬一定都要做足，但因為經期時皮膚比較敏感、脆弱，所以最好不要使用太具刺激性的產品。另外，現在流行的淨膚、脈衝光、彩衝光、果酸換膚等療程，對於經期時的肌膚保養有時是很好的幫手，但建議術前一定要做詳細的諮詢，畢竟不是每個人的肌膚都適合各式的療程。而以中醫的觀點來看，有一些中藥材，例如何首烏、薄荷、銀杏、石菖浦、桑葉等，在月經期間也很合適用於改善肌膚。

而經期後的狀況則是因人而異，有人會立刻恢復正常，但有人卻還是沒辦法擺脫肌膚問題，月經剛離開，其實荷爾蒙並不會立刻恢復正常，所以不要太著急，要給身體一點時間去適應，這時依舊不要使用太具刺激性的清潔用品或保養品，否則肌膚可能無法負荷。

## 中醫保健之道——由內而外

經期飲食方面，只要把握一個原則，就是不要吃得太重口味，像是油炸、辛辣、煙燻、燒烤等食物，刺激性都太高，往往都會反映在肌膚狀況上。另外，建議女孩們在經期時應徹底避免喝冰水，其實以中醫的觀點來看，經期時應該戒冰飲，避免刺激，至於許多人都視為漢方保養聖品的珍珠粉，在經期時並不建議服用，因為珍珠粉屬性偏涼，對於特定體質的女性，恐怕保養不成還容易傷到身體。

中醫的保健之道，最重要的就是由內到外，從根本開始照顧，像是保肝、保腎、安撫情緒、改善睡眠品質等，只要保持臟腑機能健全，對肌膚保養自然有幫助。另外，中醫有一些穴道，例如迎香穴、顴髎穴、攢竹穴等，平時也建議多按壓，對改善肌膚問題也很有幫助。

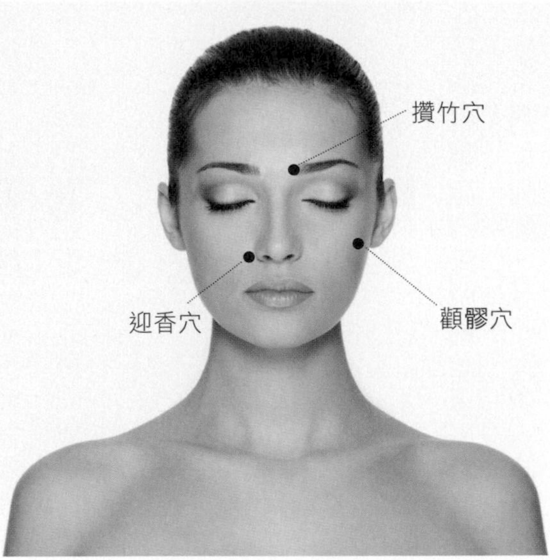

# 關於生理期的小迷思

一直以來，女性同胞們對於生理期都只敢竊竊私語地討論，因此有很多傳言都是「聽說」來的，到底有哪些是真的，哪些是假的呢？

## 生理期是減肥好時機？

好好把握每個月的黃金七天，讓體內的瘀血排得更乾淨，就會更健康。常聽到人家說生理期時就算大吃大喝也不會發胖，其實這完全是個謬論，生理期的期間，荷爾蒙會產生很大的變化，減重效果反而會比平常來的差。

或許有人會問：「但我月經來潮時，明明體重有減輕呀？」其實這是身體水分的變化，因為在生理期前，身體比較難排出多餘的水分，容易導致水腫。如果妳發現自己在生理期時瘦了，只是將之前多餘的水分排出體外而已。

其實生理期對於身材是個很大的考驗，因為大部分的女性食慾都會變得特別好，再加上心情差，就會想吃點甜食來療癒，反而容易變胖。不過很重要的一點是，生理期結束的後一周是減重的好時機，建議這時可以做一些燃脂的運動，搭配一些熱量較低的零食，或是多吃水果、蔬菜，不僅能夠解饞，也能達到瘦身事半功倍的效果。

## 生理期前後，是豐胸黃金時期？

因為在生理期的前三天，卵巢會不斷地分泌一種叫「動情激素」的東西，如果在這時多補充膠質、甜酒釀、當歸等能夠豐胸的食物，或是同樣幫助動情激素分泌的食物，例如牛奶、木瓜、豆漿、馬鈴薯等，就有機會幫助胸部更加豐滿，會有很不錯的效果。

## 該不該用漢方衛生棉？

坊間出現一些含有漢方成分的衛生棉，標榜可以減緩生理不適。不過呀，漢方衛生棉或許可以舒緩陰部搔癢不適的感覺，但要減緩生理期腹部疼痛則比較困難，因為癢是皮膚的知覺，漢方衛生棉當中的薄荷、冰片、明礬等，具有清涼消炎的作用，可舒緩因悶熱而產生的不適，若是想透過衛生棉的漢方成分達到舒緩經痛的目的，似乎是不太可能！

而且市面上的漢方衛生棉成分很複雜，並不是每個人都適合使用，所以使用前一定要請醫師診治。如果經期時總會感到悶熱不適，最好的方法還是要勤換衛生棉，保持陰部的乾爽；而如果深受生理痛所苦，建議還是找個專業的中醫師，從體質開始改善會比較好，如果亂使用產品，不僅沒有效果，恐怕還會造成過敏，或是更嚴重的疾病。

## 非經期可以使用護墊嗎？

對於衛生護墊，中醫師通常是反對使用的。因為如果沒有分泌物，其實是沒有使用護墊的必要性，加上有些女性可能過度依賴護墊，以為可以避免分泌物弄髒內褲，使用後不但感到更悶熱，也更容易讓細菌滋長，進而增加接觸性陰道炎的可能性，所以在生理期以外的時間，如果不會產生分泌物，或是分泌物很少，建議大家盡量不要使用。如果有分泌物的問題，應該先看醫師，確定沒有其他疾病，而不得不使用護墊時，則是要經常更換，讓陰部隨時保持清潔、乾爽。

# 第二章

# 中醫調理，求好孕

# 妳是不孕症的高危險群嗎？

現代環境改變，身兼數職的女性朋友越來越多，加上根據主計處統計，女性初婚年齡平均為三十歲，晚婚晚育成了現代的趨勢，國人約每七對夫妻，就有一對面臨不孕問題。

## 從觀察基礎體溫了解自己的體質

一個正常、有排卵月經的基礎體溫表應包含低溫相及高溫相。

在排卵期由最低溫爬升到高溫，高低溫相差六格（一格為1.OV=0.05℃），即0.3℃，且由低溫爬升至高溫所花時間不能超過兩天。另外，高溫期要維持十二～十四天。

因此，一張基礎體溫表，我們首先會看它有沒有排卵，體溫有沒有雙相；其次看它排卵過程是否順利，爬升時間是否超過兩天；最後看黃體功能是否不足，高溫期有沒有至少十二天。

一般基礎體溫以36.7℃（24.OV）為高低溫的分界，有的人雖有高低溫雙相，但雙相都落於低溫區或雙相都落於高溫區，這在診斷上也有不同的意義。

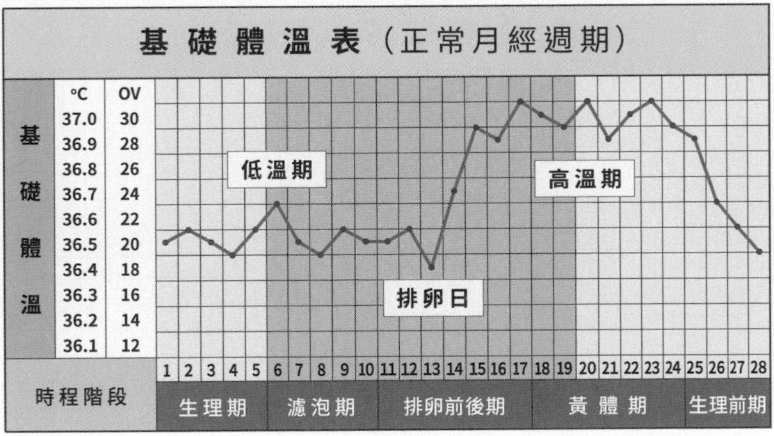

## 1.無排卵的基礎體溫表呈現鋸齒狀

無排卵在基礎體溫上看不到高低溫雙相的變化，我們稱之為單相，這種型態的人卵巢功能不佳，經常月經後期較久甚至閉經・多囊性卵巢綜合症者多，如果整個圖顯示單相偏低，整個體溫在低溫區波動，在中醫屬於「腎陰陽兩虛」；如果整個圖是顯示單相偏高，則以「陰虛火旺」為多見。

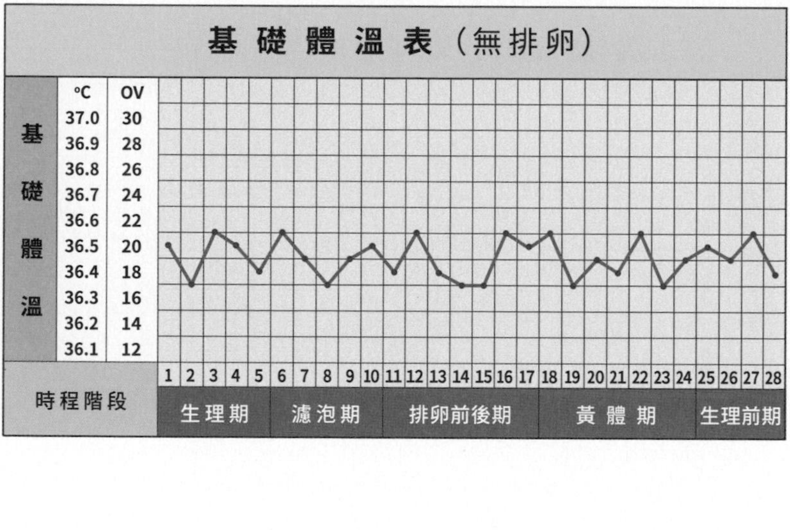

## 2. 黃體功能不全

這張圖的月經週期準，排卵過程尚可，但是高溫期過短，「腎虛」是導致黃體功能不全的重要原因，有的有肝鬱、泌乳激素過高、經前乳脹、經前易怒等症狀，有的兼有脾虛、胃口差、易腹瀉等症狀。

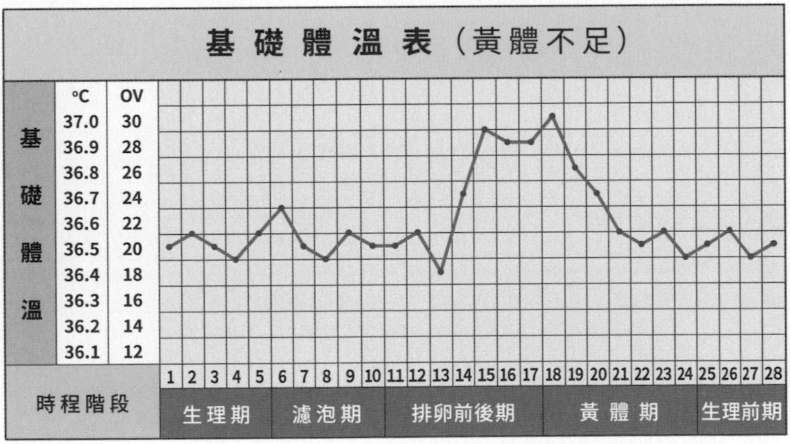

## 3.持續高溫後又降溫，早期流產型

高溫期超過二十三天後又下降，此為早期流產，如果沒有量基礎體溫或驗孕，很多人會以為是月經晚了。早期流產大多為胚胎不良，自然淘汰的結果，表示受孕的過程是順暢的，但是卵子的品質或子宮的環境尚不佳。

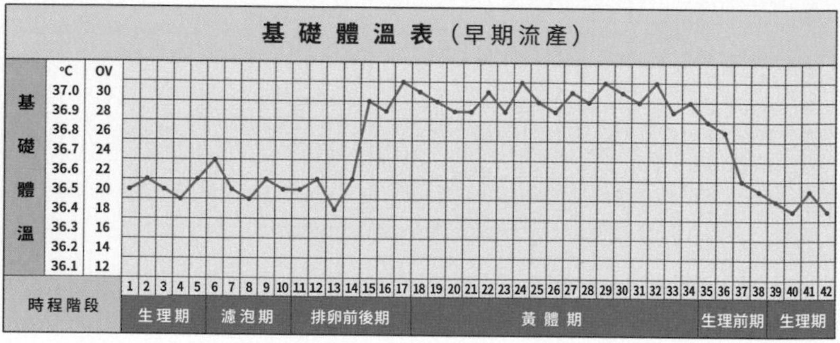

## 從舌象看六大不孕體質

如果是體虛、容易手腳冰冷，就算是夏天也要穿外套的人，表示整體體溫偏低，這種屬於腎氣虛或腎陽虛的類型，需要「養宮護巢」，平常可以多吃羊肉、黑豆或是核桃這類食物來調理，腎陽虛的體質可以在排卵期後，每天喝一碗當歸羊肉湯，或是吃蜜黑豆來養卵巢。

如果月經期間有經痛的困擾、經血色暗而且血塊多，則建議吃活血化瘀的藥材，如山楂、玫瑰花等疏肝解鬱的食物，甚至是桃仁、紅花等活血化瘀的藥材，來幫助經血排乾淨，也可以緩解經痛。

另外，中醫一共歸納出六大不孕體質，除了剛剛提到的腎陽虛體質，還有陰虛體質、氣血兩虛體質、痰濕體質、血瘀體質及肝鬱氣滯體質，可以從幾個徵兆檢視：

◎腎陽虛體質

**症狀：**腰膝痠軟、腿常覺痠無力、夜間多尿、冬天怕冷、手腳冰涼、小腹冷、性慾冷淡

**月經狀況：**經期延後或經閉、月經來時腰痠

**舌苔：**舌淡胖苔薄白

**脈象：**脈沉

◎陰虛體質

**症狀：**身體偏瘦、口燥咽乾、喝再多水還是無法解渴、眼乾、手足心感覺熱熱的、皮膚偏乾燥、大便偏硬

**月經狀況：**月經經常提早來，量多色紅，或月經後期，量少色暗紅

舌苔：舌薄色紅少津

脈象：脈細

## ◎氣血兩虛體質

症狀：容易感到疲倦、頭暈眼花、面色蒼白、指甲色淡

月經狀況：月經量少，色淡質稀，經來頭暈心悸加重

舌苔：舌色淡

脈象：脈細弱無力

## ◎痰濕體質

症狀：身體肥胖、腹部肥滿鬆軟、肢體睏倦、大便偏軟

月經狀況：白帶多，月經來容易腹瀉

**舌苔：**苔白膩或滑膩

**脈象：**脈緩或弦滑

## ◎血瘀體質

**症狀：**胸悶、個性憂鬱寡歡，情緒波動時易腹痛腹瀉、胸脹

**月經狀況：**月經周期失調，或經血滴滴答答，夾有血塊，經色暗紅、痛經

**舌苔：**舌瘀斑、口唇黯

**脈象：**脈澀

## ◎肝鬱氣滯體質

**症狀：**工作壓力大、個性急、肩膀痠緊、容易發脾氣，情緒起伏大、

不易入眠、淺眠、多夢等睡眠障礙

**月經狀況：**月經來量偏少、痛經、發脾氣、乳房脹痛

**舌苔：**舌瘦尖色淡紅

**脈象：**脈弦

肝鬱氣滯體質，指的就是經絡不通的患者，要疏通氣滯，也就是要疏通經絡。疏通方式如下：

如果是肝氣鬱滯，就要做肝經的疏通，可以按摩小腿內側的三陰交穴。

如果是腎氣不足，我們可以按摩內踝後跟阿基里斯腱的太谿穴。

如果是嚴重氣血不足的人，首先要先補氣，補氣的大穴就是足三里；接者要補血，要多吃補血的食物。

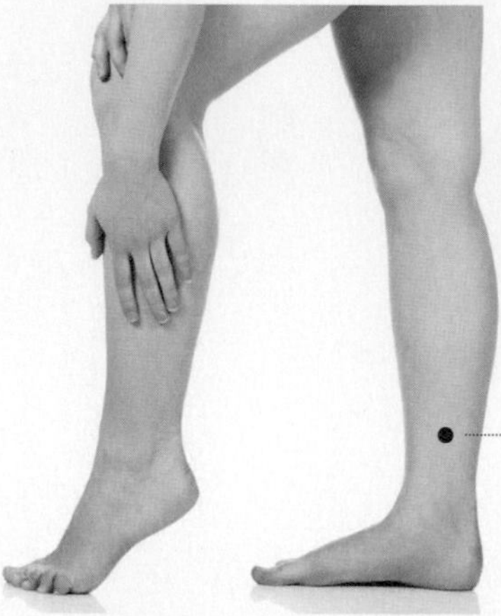
三陰交穴

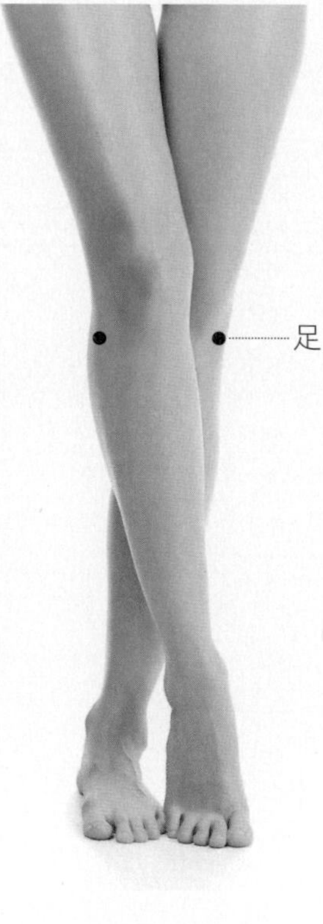
足三里穴

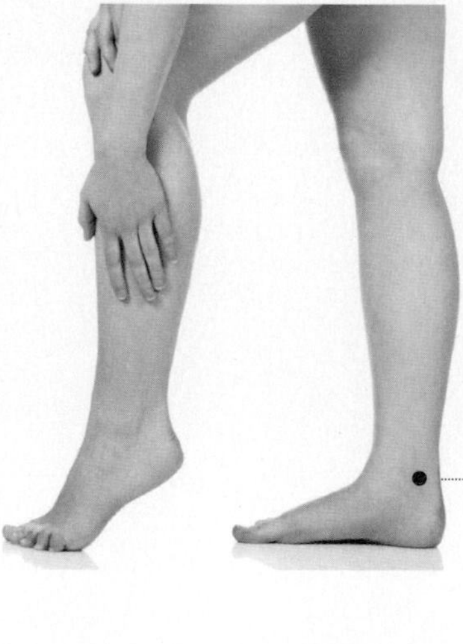
太谿穴

## 小心「卵巢早衰」症狀上身

臨床觀察發現，最近三十歲左右就出現「卵巢早衰」症狀的女性，似乎越來越多！在生活習慣、環境荷爾蒙、飲食習慣等因素，或是長期飽受壓力、作息不正常的情況下，經常導致內分泌失調、經量異常、月經不規則等「卵巢早衰」的症狀，也可能因此埋下不孕的風險。

剛出生的女嬰，兩側卵巢大約有一百萬顆卵母細胞，而女人終其一生，從初經至停經前的排卵數量，其實不會超過五百個，其餘的細胞隨著歲月自我凋亡，至更年期時約剩下一千顆卵母細胞。正常的卵巢應該到五十歲左右才停經，但是在三十八歲以後，卵子的數量就會急速下降，受孕率也會下降，只不過現在越來越多二、三十歲的女性朋友，已經出現快要停經的困擾，卵子的受孕能力也不理想。

透過中醫月經週期療法，給予個人化治療，近年來已幫助許多不孕的夫妻順利懷孕。由於造成不孕的原因非常複雜，據估計仍有30％以上的不孕症是原因不明的，在醫學上稱為「不明原因的不孕症」，透過中醫四診望聞問切，可以了解患者的體質和中醫證型，針對個人化處方和針灸治療，可以讓不孕夫妻有不同的選擇。

# 中醫如何提高受孕力？

據統計，全台約有五十萬名不孕婦女，為求好孕到，苦尋偏方。但不孕的原因相當複雜，除了輸卵管、子宮等病變外，也可能是荷爾蒙或特殊體質所引起，甚至有時原因並不在女方身上，反而是先生的問題。建議想要成功受孕的媽咪，最好是夫妻雙方共同尋求專業醫師的協助，先了解不孕的原因，辯證論治、對症下藥，切勿亂信偏方，免得徒勞無功，還適得其反。

## 要好孕先滋補腎氣

中醫理論中，腎是身體生命的起源，若能依照自身體質，透過正確的日常飲食，滋補腎氣，將對於預防不孕和幫助受孕，有相當大的助益。

中醫根據常見的不孕體質，有以下建議滋補的食材、藥材：

**1. 腎虛型：**經常感覺腰痠背痛、結婚多年不孕的類型。建議可以多吃補腎、健脾、生精的食物，如黑豆、黑米、木耳、黑芝麻、枸杞子、山藥等。

**2. 肝鬱型：**經常鬱鬱寡歡、心事重重，屬於精神壓力底較大的類型。建議可以吃點佛手、陳皮，也可多吃九層塔炒蛋、香椿炒蛋、金針排骨湯、烏梅汁、檸檬醋、桑椹醋等。

**3. 痰濕型：**早上起來容易眼皮水腫，到了晚上兩腳容易水腫，經常感覺睡醒了還是很累的類型。建議可以吃薏仁、芡實、紅豆、綠豆、鯉魚、紫蘇、白蔻仁、茯苓等。

**4.血瘀型：**經常手麻腳麻、肩頸僵硬疼痛，有時會反覆頭痛的類型。建議可以吃些山楂、桃仁、海帶、昆布等。

飲食的原則是要多樣化，不論是蔬果類的木耳、核桃、櫻桃、蓮子、韭菜子，或是海產類的蝦、魚、海參，以及肉類的雞、牛、羊等，都可以多方面攝取，避免長期吃單一的食材。

## 春天是適合受孕的季節

中醫認為，春天是很適合受孕的季節。春天是萬物孕育生長的季節，人類也不例外。中醫認為，冬季適合儲藏腎精，到了春天，腎精相對較足，更有利於孕育，搭配充分的調理準備，就可望讓孕力升級。而在一天的十二時辰中，亥時，也就是晚上九點到十一點，三焦經最旺，是孕育新生命的好時刻。

三焦經是六氣運轉的終點，三焦經通暢，即水火交融，陰陽調和，自古就是性愛的最佳時段；以大多數現代人的生活狀況而言，這段時間工作告一段落、壓力較為舒緩，又尚未產生睡意，也是生理時鐘精力最旺盛的時刻之一，夫妻在此時聊聊一天的日常瑣事，同時互相擁抱，更能享受彼此的親密感，還能幫助睡眠。

中醫理論認為，助孕應由男女雙方一同努力，且針對雙方體質辯證論治。古籍記載：「男子宜清心寡慾以養其精，女子宜平心定氣以養其血。」意思是說，如果想要成功受孕，男子以調精為主，女子則以養血為主。女性因為有生理週期，從每個月的經期變化，可以得知健康狀況的好壞，如果想提高受孕率，首先要避免氣血虛虧，再透過中醫理論調經，使經血順暢，培養強健體質，幫助提高懷孕機率。

建議在計劃懷孕前一個月到三個月開始以山藥、熟地、山茱萸、菟絲子等藥材，加強子宮長內膜及卵巢排卵功能。而男性常見的不孕調理，也建議從基本體質著手，不論是腎虛、肝氣鬱結或痰濕內阻等問題，針對補益腎氣、疏肝解鬱、燥濕化痰等方式，都可以達到益腎強精的效果。

中醫也建議媽媽計算排卵期，來把握受孕的黃金時期。在經期結束後至排卵前期，加強補腎滋陰、活血化瘀，可促進排卵。而在經期來臨前，則可採溫陽補腎的方式，促進釋出卵子之後所形成的黃體成熟，以利受精卵著床。這段時期若能再輔以正確的飲食藥膳來調理體質，並保持愉悅心情，懷孕的可能性將可大大提高。

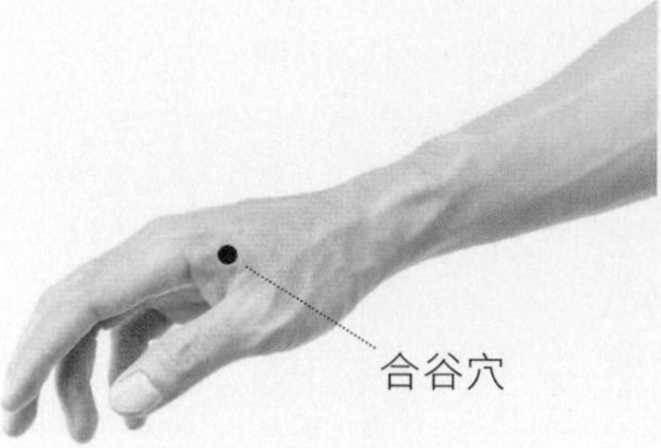
合谷穴
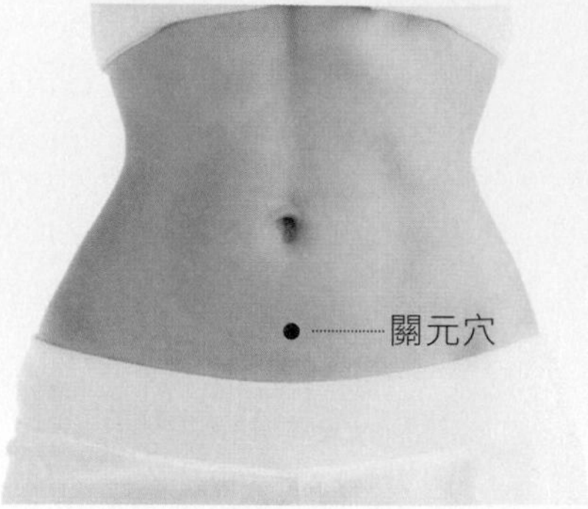
關元穴
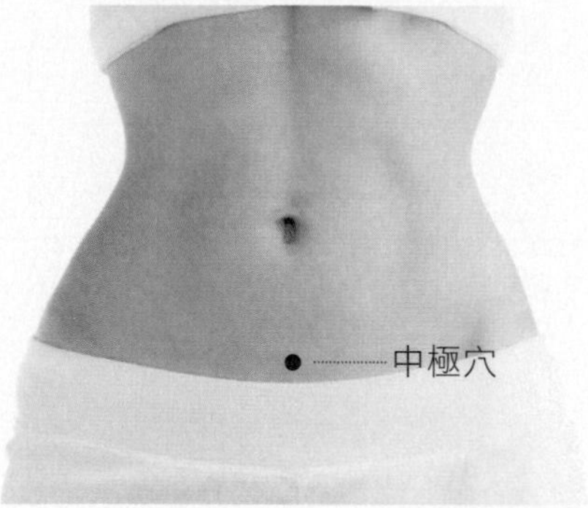
中極穴
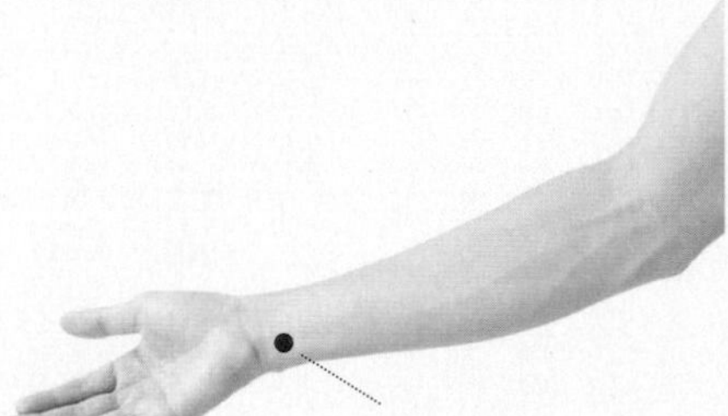
神門穴
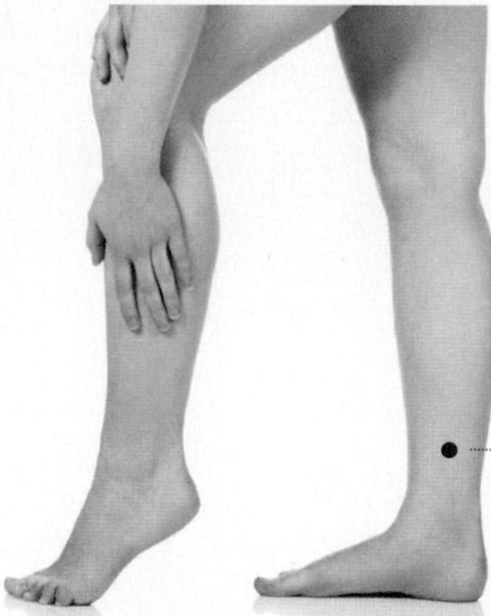
三陰交穴

## 常按助孕穴位調氣血

中醫理論中，不孕又可分為「虛」、「實」兩種，「虛」代表的多是功能欠佳、營養不足的子宮寒冷現象，常見症狀如月經延遲、小腹冷痛、手足冰冷等，這類型的婦女在針灸時可以補益氣血的穴位為主；而「實」代表的多是阻塞不通、子宮實熱的現象，常見症狀如火氣大、月經失調等，因此在針灸時可以疏通氣血為主。

常見的助孕穴位有關元穴、中極穴、神門穴、合谷穴、三陰交等。

關元穴位於臍下三寸，可幫助培腎固本、補氣回陽。

中極穴於臍下四寸，主調血室、溫精宮。

而若是情緒壓力大則建議選擇神門穴、合谷穴等來安定情緒。

婦科病第一要穴的三陰交，位於內踝上三寸，更有疏通下焦、調血室、溫精宮等功能。

## 針對難受孕體質的茶飲建議

### ◎陰虛體質茶飲——百合茶

**材料：**百合三錢、麥門冬三錢、玉竹三錢、女貞子三錢、肉蓯蓉三錢

**作法：**上述所有材料加水一千CC，大火滾開後轉文火煮十~十五分鐘，當茶喝。

### ◎肝鬱氣滯體質茶飲——合歡茶

**材料：**香附三錢、白芍三錢、枳殼三錢、合歡皮三錢、炙甘草一錢

**作法：**上述所有材料加水一千CC，大火滾開後轉文火煮十～十五分鐘，當茶喝。

## 疏通經絡健身操助好孕

經絡暢通是氣血流通、臟腑平衡的關鍵。一套簡單的經絡操，就能按摩疏通全身的經絡，不妨試試！

左右側彎

抱頭及頸

自頭摸足

身直氣靜

## 懷孕前中後期的調理重點

懷孕的十個月可以分為三個時期，懷孕的前一到三個月稱為初期，第四到六個月稱為中期，第七到十個月稱為後期。每一期要注意及調理的重點都各有不同，懷孕初期要注意營養均衡預防流產，懷孕中期則是調補的最佳時刻，懷孕末期的要加強運動幫助順產。

在懷孕前二十周內，要小心各種腹部不適的症狀。如果各項檢查都沒有發現任何異常，但是持續有些微的出血跡象，最好還是趕快去醫院檢查，一般要小心「先兆性流產」，西醫會建議直接臥床安胎，中醫則建議要放鬆心情避免「怒則多墮」。研究顯示，孕婦如果長期處在緊張的狀態下，會導致體內孕激素的濃度下降，不利於胎盤的發育，情緒一激動就會導致子宮的收縮，甚至可能引發流產！

從懷孕第零周開始，建議可以進行階段性胎教，從小就跟胎兒建立好良好的互動，讓將來寶寶出生後，可以有更健全的發展、穩定的情緒，及更佳的學習力。從胚胎發育看來，從懷孕的第四周開始，神經系統已經開始發育，之後胎兒對於各種觸覺及壓覺已經都有反應，如果媽媽的情緒有任何的變化，透過相連的臍帶，微妙的荷爾蒙內分泌及腎上腺素的波動，肚子裡的寶寶可是同時同步的感受。

## 徐之才的《逐月養胎方》

明代知名的醫學家徐之才，曾提出「逐月養胎」的觀念，認為在懷孕的每一個階段，都有不同的經脈負責供應營養，每個月的飲食及生活作息的重點都不盡相同，在《逐月養胎方》中提到：

## ◎「妊娠一月，名始胚，足厥陰脈養。」

懷孕初期的第一個月為「始胚期」，為足厥陰肝經所涵養。肝藏血，也負責供應胚胎生長所需的血液，如果太過勞累、睡眠不充足、飲食不規律，胎兒的生長很容易受影響，甚至一個情緒起伏，就動了胎氣。

## ◎「妊娠二月，名始膏，足少陽脈養。」

懷孕第二個月為「始膏期」，由足少陽膽經所涵養，這個時候的飲食建議不要吃太辛辣的食物，同時居家的環境要保持寧靜安詳，因為這個時候胎兒才剛開始發育，孕婦及家人都要小心避免驚動胎氣。

◎「妊娠三月，名始胎，手心主脈養。」

懷孕第三個月為「始胎期」，由手少陰心經所涵養，心經在體內除了聯繫心臟，往下穿過橫膈聯繫小腸，同時往上與眼睛及腦組織也互相連通。中醫的「心」除了實質的心臟器官，還包括與人的意識、智力、循環等相關的系統，所以如果以後希望寶寶有良好的智力、體格及性格、品德的發展，可以在這個月多多欣賞美麗的事物，聽聽音樂，同時保持正向積極樂觀的態度，並輕輕拍打或撫摸腹部，讓胎兒感受到母體給予的關懷，不僅讓胎兒非常有安全感，也能讓他情緒更穩定。

◎「妊娠四月，始受水精，手少陽脈養。」

懷孕第四個月開始，由手少陽三焦經供應胎兒營養，黃帝內經《素問》：「三焦者，水穀之道路，氣之所終始也。三焦是負責體內掌管營養運輸及吸收的道路，與脾胃互相為表裡的臟腑，共同完成食物的消化及吸收的過程。此時也是懷孕的中期，是孕婦胎兒補充營養的最佳時機，也是中醫所謂體質形成的重要關鍵時刻！

## ◎「妊娠五月，始受火精，足太陰脈養。」

懷孕第五個月開始，由足太陰脾經供應胎兒營養，正是一人吃兩人補的好時機。孕婦不需要有絕對的飲食禁忌，反而應該依照自身的體質，虛則補之，實則瀉之，如果本身是屬於貧血體質的孕婦，平常容易出現頭昏眼花、四肢無力、胸悶心悸、心煩失眠的症狀，可以吃一些羊肉、牛肉、海鮮及富含鐵質的食物，幫助調理自身的體質。

## ◎「妊娠六月，始受金精，足陽明脈養。」

懷孕第六個月開始，由足陽明胃經供應胎兒營養，如果是「脾胃濕熱型」的孕婦，很容易感受胃酸過多，或容易噁心嘔吐。此時建議孕婦要飲食清淡，不要過於油膩或重口味，如果經常覺得腸胃不適，可以吃些山藥或五穀雜糧，來保健脾胃，除退身體的濕熱。

## ◎「妊娠七月，始受木精，手太陰脈養。」

懷孕第七個月開始，由手太陰肺經供應胎兒營養，此時開始進入懷孕的後期，孕婦的身型發生比較大的變化，不但體重開始增加，下肢水腫的情況也越來越明顯。這時孕婦可以視個別的情況，開始做點運動，如果是懷孕前就有在做的運動，即使是瑜珈，或是肌耐力的運動，都可以繼續做，只要身體沒有任何不舒服，每次運動的時間不要超過十五分鐘，運動的環境注意通風，有時還是要避免跳躍或者是瞬間移動過於快速的運動。

### ◎「妊娠八月，始受土精，手陽明脈養。」

懷孕第八個月開始，由手陽明大腸經供應胎兒營養，由於腹壓增加，許多孕婦在這個階段經常會出現痔瘡，或是有排便的困擾。這時候可以多利用食物來滋陰，可以喝些排骨湯、魚湯、青菜豆腐湯，也可以吃一些絲瓜、冬瓜等清涼的食物，幫助身體補充水分，避免上火。

◎「妊娠九月，始受石精，足少陰脈養。」

懷孕第九個月開始，由足少陰腎經供應胎兒營養，許多孕婦開始出現睡眠的困擾以及排尿的問題，經常半夜需要上好幾次廁所，腰痠的現象也越來越明顯，這個時候請孕婦把握傳統中醫「中庸」的原則，不要過於勞累，不可以過於安逸，可以開始做一些幫助順產的運動，例如爬樓梯、散步等等。平常體能比較弱的孕婦，也不用急著在此時做體力的鍛鍊，這時候反而需要家人的關愛及協助，才能順利通過最後的階段。

◎「妊娠十月，五臟俱備，六腑齊通，俟時而生。」

懷孕第十個月開始，身體的五臟六腑都已經做好充分的準備，孕婦們在生產前可以多多儲備體力，吃飽喝足是大原則，少量多餐也是可以參考的方式，做好生產的準備，事先決定好生產的醫院，為可能的突發狀況擬好備戰計劃，都是可以幫助孕婦放鬆心情的具體建議。

## 別亂吃！懷孕期的中藥材禁忌

一般孕婦不建議的中藥材，除了大家耳熟能詳的麝香跟夾竹桃，其實還有一些藥材是很常被使用，偏偏孕婦不適宜的藥材，需要特別小心。

像是許多長輩及新手媽媽會在妊娠時期以中醫來調養身體，以最常見的百補之王「人參」來說，經常被使用的人參茶、人參雞，幾乎是孕婦最常使用的補品，但經臨床發現，人參僅適合氣虛的體質，如果使用在體質偏熱、陰虛火旺、血熱的體質，或懷孕後期食用，都可能會助火動胎，反倒加重妊娠不適症狀。另外，針對孕婦常見的下肢水腫，或是妊娠毒血症，都應避免以人參進補，以免血壓上升。

另外，餐廳常用在海鮮湯品提味的紅花，因屬活血食材，因此需謹慎食用，其他像是屬破血的水蛭、三稜、地鱉蟲，還有屬於有毒性的中藥材，例如全蠍、蜈蚣、巴豆等皆需避免食用。

### ◎麝香

在民間常流傳，後宮娘娘為了爭寵，會對皇上賞賜的新進妃子，送上含麝香的補品而導致不孕，甚至導致流產，這是真的嗎？以中醫的觀點來看，麝香味辛、性溫，通常用於活血通經、開竅醒神，只要遵從正確的使用方式，其實能夠治療因為月經不正常而導致的不孕症，但因為具有活血的功效，而且麝香會造成子宮收縮，如果錯誤使用，的確有可能會造成小產，不過這是要在大量服用的狀況下才有可能，現在麝香取得不易，應該是不會有這方面的問題，請不用太擔心。

## ◎紅花

紅花具有活血通經、祛瘀止痛的功效，不只是醫生的常用藥，也經常被用於入菜，是一個非常有用的藥材。但是以中醫的觀點來看，紅花會增加子宮的收縮，若是不小心可能會影響到孕婦的胎動，嚴重甚至會造成小產，所以在懷孕前三個月時，因為一切的狀況都還不穩定，本來就容易有胎動不安，或是出血的狀況，如果在這樣的情形下服用紅花，後果是不堪設想，所以孕婦是不能服用紅花的。

## ◎夾竹桃

夾竹桃是一種有毒的植物，如果誤食可能會出現肚子痛、噁心、腹瀉等症狀，更嚴重甚至會造成心臟方面的問題，進而導致休克，不過夾竹桃也是一種藥材，一般來說會用在昏迷時的強心劑，但是需要的量非常少，如果使用過量，就容易出現中毒的情形，要小心這是有可能會致命的。夾竹桃除了會刺激腸胃的收縮，也會增加子宮的收縮，所以孕婦若是誤食，可能會因此而流產，所以千萬要多加小心。

## ◎人參

人參具有補肺益脾的功效，當虛弱時服用會有補元氣的效果，但是如果服用的劑量過高，就可能會導致失眠、腹瀉、神經衰弱，而孕婦如果有其他的併發症，例如妊娠毒血症，最好就不要服用人參，否則可能會引發其他的問題。

### ◎珍珠粉

珍珠粉是一種非常有名的美容藥材，除了幫助傷口癒合，也有滋潤肌膚、安神的作用，但因為珍珠粉屬性偏寒，如果是體質較寒的孕婦，或是有早產徵兆的人，可能就不太適合，建議要經由專業中醫師的診斷，來判斷是否能夠使用珍珠粉。

### ◎黃連

黃連具有清熱解毒的功效，通常被用於治痢，但如果是體質較寒、或是腸胃不好的孕婦，可能就不太適合，建議要經由專業中醫師的診斷，來判斷是否能夠使用黃連。

### ◎薏仁

薏仁具有利尿、健脾、清熱的功效，但是當中的薏苡仁油卻被發現會增加子宮的收縮，因此不建議孕婦食用，否則可能會導致流產。

### ◎艾葉

在《本草綱目》中記載，艾葉具有理氣血、溫經、安胎等功效，通常會搭配地黃、阿膠等中藥材一起使用，艾葉可用於經期不順、痛經等症狀，另外，也可以緩解胎動不安的問題，雖然對女性來說，艾葉是一個很好的中藥材，但並不適合服用太多，否則可能會引發急性腸胃炎，嚴重甚至會加重肝炎症狀，另外，如果體質是陰虛內熱的人，也不適合使用艾葉，所以建議要經由專業中醫師的診斷，來判斷是否能夠使用艾葉。

## 中醫安胎的飲食建議

懷孕期間，孕婦最佳的安胎方式應常保心情愉悅，避免過度勞累，而中藥補身為安胎輔助，切勿過度仰賴。透過中醫安胎常用的藥物，仍以健脾補腎、滋陰清熱或補養氣血等方法為主。孕婦如果在懷孕期間出現不正當出血、腹痛或胎動不安等情況時，常用的安胎藥方，以生地黃、枸杞、白芍、黃芩、白朮等為主，但仍需透過專業中醫師的診斷，並依個別體質來進行調配為佳。

早期在民間廣為流傳的「安胎飲」，也就是由十三味中藥材組成的一個方劑，包括當歸、川芎、白芍、枳殼、黃耆、甘草、厚朴、生薑、川貝母、艾葉、菟絲子、羌活、荊芥等十三種藥材。此帖雖有「保產無憂散」之稱，但事實上仍以理氣活血為主，若想達到保胎、安胎之作用，建議懷孕三十周以上使用，此方對於糾正胎位不正或預防早產、流產的作用不大，一般適用於順產情況時服用。

另外，懷孕養胎的秘訣，除了使用中藥安胎，在一般飲食方面，有以下幾點大方向的建議：

**1. 避免餐餐大魚大肉：**孕婦體內的血液多集中在腹部，如果飲食過量，容易造成消化不良、腸胃脹氣。

**2. 避免容易過敏的食物：**孕婦在懷孕期間，飲食上需要特別留意，如果是有點不新鮮的海鮮，或是容易過敏的芒果、茄子，還有容易脹氣的竹筍，以及加工的醬油、泡麵、辣油等食物，都建議盡量少吃。

**3. 避免過甜過鹹的食物：**孕婦在懷孕末期如果吃太鹹或太油，不但容易導致體重增加太快，也容易誘發妊娠高血壓或下肢水腫，不但增加器官的負擔，也會影響母子的健康。

## 孕吐或食慾不佳的中醫調理法

懷孕二到四個月時，常見妊娠嘔吐，也經常伴隨頭暈、厭食、身體疲倦感，甚至一進食就作噁想吐，俗稱「害喜」，嚴重的話還可能影響母體的營養及情緒，在中醫上可以使用健脾理胃、祛痰化濕等作用的中藥材，如橘皮竹茹湯或香砂六君子湯等來調理。

懷孕的媽媽們，不論在生理或心理上，都需承受相當大的壓力，輕者可能睡眠不佳、肝火旺、疲累、精神緊繃等；重者可能有孕吐、腹痛、胎漏或胎動不安、感冒等情況，如果是因為壓力所導致的產前不適，大多能透過中醫來調理，利用補養氣血、健脾和胃、祛痰化濕、滋陰清熱等作用的中藥，可以適度的達到身心放鬆。

女人在懷胎十個月的過程中，隨著寶寶的成長，體內的負擔也隨著增加，不同體質的媽媽會有不同的身心影響，其中以孕吐、腰痠、口味改變、水腫、胸悶、頻尿等最為常見。也有不少媽媽在懷孕末期時，會產生妊娠糖尿病、妊娠高血壓的困擾；如果是懷男寶寶的話，母體受到男性荷爾蒙的影響較多，皮膚出現斑點的現象也會比較明顯，如果媽媽本身的氣血較弱、氣虛血虧，加上循環不良，產生胎斑的比例也會比較高。面對各種懷孕期間常見的不適，建議準媽媽們多休息、多放鬆，身旁的家人也需要給予正面力量及必要的生活協助，而身為最親密的另一半，如果可以做到多陪伴、多體貼，會讓媽媽及寶寶獲得最大的支持。如果遇到比較特殊的不舒服症狀，例如不正常出血、劇烈的腹痛、腰痠不止等，一定要及早檢查，不可忽視。

## 小產後別輕忽「小月子」調養

所謂的小產，是指胎兒未足月，就以自然或人工的方式流產。不論是透過藥物流產，或者是手術流產，根據統計，台灣平均每年有四十萬人次實行人工流產手術，有些是因為未成年懷孕、有些則是不倫的個案，而有些則是非計劃性的懷孕只好終止。不論原因是什麼，無論是流產、小產或墮胎，中醫建議要正視小產對於子宮的影響，即使是小產，也要好好做月子，讓身體恢復健康。

以中醫理論認為，懷孕三個月內胎兒，還未成形時即中止懷孕，稱為墮胎；如果已經懷胎七月，胎兒有一定的形象了，此時則稱為小產。一般的自然流產，我們認為是一種物競天擇的現象，大多是因為胎兒先天不足，或是母體虛損，導致胎元不固。

自然流產的原因，中醫認為有四個常見的因素：首先是衝、任二經虛損，所以腹中的胎兒無法穩固的著床。中醫認為，「衝為血海、任主胞胎」，意思是說衝、任二脈和女性的月經及懷孕，息息相關，同時我們發現，如果曾經多次反覆進行人工流產的女性，她的衝任二脈也特別容易受損，到最後很容易形成滑胎，甚至不孕的現象。

第二個原因是暴怒傷肝，或是過於勞動傷腎。中醫的肝與腎，與懷孕息息相關，如果肝腎不足，容易導致胎兒不穩定，增加流產的危險性。

第三個原因是在懷孕期間，因為其他疾病，干擾了胎氣，導致胎動不安。

第四個原因則是其他的原因，例如在孕程中不慎跌倒、或從高處跌落，影響了胎兒。

中醫典籍《醫宗金鑑。婦科心法要訣》中提到：「氣血充實胎自安，衝任虛弱損胎原，暴怒房勞傷肝腎，疾病相干跌撲顛。五月成形名小產，未成形像墮胎言，無故至期數小產，須慎胎為慾火煎。」意思是說如果孕婦的氣血充足、身強體壯，則胎兒的胎氣會比較穩固，發生流產的機率比較小；而且在流產後有沒有好好的透過坐月子，來讓身體恢復原本的狀態，和以後會不會變成習慣性流產的體質，有很大的關係。

臨床上有一種體質，在懷孕三個月、五個月、甚至七個月的時候，常常胎兒並沒有特別的異常，但是卻無緣無故就流產了，而且每次受孕過程都是這樣，此時中醫稱為「滑胎」。「滑胎」的體質，要盡量避免在懷孕期間，過度頻繁的房事行為，不要讓精神過於亢奮激動，避免強烈引起子宮收縮的行為。如果有這樣的體質，中醫會透過《傅青主女科》的建議，給予一些調理的藥方，包括人參、酒洗當歸、生黃耆、炒白朮、熟地黃等等藥材，再根據不同的體質，進行微調。即使是小產，建議也要坐滿一個月的月子，而小產坐月子的目的，主要是讓身體充分的獲得休息，並得到恢復，同時為下一次的受孕做準備。

小產後比起自然生產後，還有一些常見的狀況，要特別注意，例如惡露淋漓、腹痛、月經不調、月經不至等等，調理的方式也都不同。小產後惡露淋漓的情況，最常發生在氣血兩虛的體質，因為母體本身就虛弱，小產後衝任受損，很容易發生惡露淋漓的現象。

小產後的中醫調理有一個很重要的觀念，就是不可以馬上進補，尤其是如果接受人工流產手術後，一般坐月子常見的麻油雞、人參、當歸、黃耆等中藥材，都會影響子宮的收縮，在傷口還沒有完全癒合前，反而會增加出血的機率。如果想要調理，可以取益母草三十克，加上雞蛋煮成益母草蛋花湯，目的是用於人工流產後惡露不止，益母草可以活血調經、利水消腫，在這種情況下使用可以幫助子宮復原並減少惡露。

至於一般自然產後常見的生化湯，在於體質燥熱的小產媽咪身上也可以使用。生化湯的功能為「生新血、去瘀血」，其中當歸可以補血活血，為主藥；川芎可以行氣活血、桃仁可以化血瘀、乾薑辛溫可以增強氣血的效果，甘草和中可以緩解便秘及煩渴的症狀。

如果小產後沒有特別的不舒服，子宮的收縮及惡露的狀況也非常良好，只是感覺有點容易疲倦或是覺得體力不佳，這個時候可以適時地使用肉桂、當歸、熟地、何首烏、川芎、白朮、茯苓、益母草及大棗，與雞肉一起煮，不僅營養美味，又可以幫助恢復體力。

# 第三章

# 補對體質，好命坐月子

# 坐月子是體質轉換黃金期

傳統坐月子的習俗，是亞洲地區特有的現象，目的是在幫助產婦儘速恢復因懷孕及生產所損耗的營養及體力，避免產婦在產後有額外的不適。西方醫學對於產婦的產後調理重點，在於產後護理方面的各項建議，包括是否有產後大出血、感染等情況發生，對於哺餵母奶的指導、親子關係的建立、心理上的調適及相關避孕資訊等特別重視。傳統中醫對於這樣的產後調理非常認同，同時也有一套中醫獨特的學理，搭配西方醫學的護理，對於產婦在產後的恢復，非常有幫助。

「坐月子」這個名詞的由來，最早可以追溯到西漢時期《禮記內則》這本書，根據書中記載，坐月子又稱「月內」，是生產後的婦女調理身體、恢復體力及哺餵母乳最佳的休養時期，如果產後的媽咪能夠充分利用這段期間，將生產後的體質恢復到產前的狀態，甚至進一步改善原本不那麼健康的體質，對於寶寶的發育也有明顯的幫助，可說是一舉數得。

我經常鼓勵身旁的孕媽咪們，只要有決心，同時有方法，就能夠透過坐月子達到事半功倍的調養效果。從我的親身體驗裡，好好坐月子就幫助我擊退了惱人的異位性皮膚炎、煩人的過敏性鼻炎及無預警會發作的睡眠障礙。

我在生下老大後，在家坐月子，當時時間變多，卻閒不下來，開始把學生時代師長教導的中醫書籍翻出來看，發現書裡有一套獨特的坐月子方式，便決定自己身體力行，實施所謂嚴苛的古法坐月子，即不洗頭、不洗澡、不吹風、不喝冷飲等等，想看看這麼做之後，身體是否有任何變化。

結果，神奇的事情發生了！原本我的過敏非常嚴重，每天都需要服用的抗組織胺、類固醇及抗生素才能緩解，沒想到當我坐完月子之後，過敏的症狀竟然在不知不覺中改善，也不需要再吃那些抗過敏的藥物。讓我深刻體驗到中醫調理對於坐月子的重要性，除了深深敬佩老祖宗的智慧，也希望能夠將自身的調養心得分享給大眾。

俗話說：「藥補不如食補。」對於坐月子的媽咪來說，飲食調養是不可或缺的項目之一，因為分娩造成的虛損，要靠飲食的調理才能恢復正常，因為要哺餵母奶，需要在月子期間吃適當的藥膳，讓身體在供應母奶的情況下，也可以輕鬆達到更健康的狀態。不論是常見的當歸鱸魚湯、花生豬腳湯、青木瓜瘦肉湯、可以幫助發奶的芝麻糊等等，不同的養生藥膳各自有不同的調理功效，重點在於孕媽咪能夠確實了解自身體質所不足及所需要的營養方向，才能補對方向，補身補胎又不長肉！

## 檢視妳的中醫體質

中醫的體質，包括先天由父母親遺傳而來、後天成長環境及飲食習慣所養成，所以適當地了解自身的體質，對於針對體質的調養，絕對大有幫助。一般中醫體質至少分為偏寒、偏熱、偏虛、偏實四種體質，偏寒的體質是指怕冷、身體能量不足，造成冬天經常手腳冰冷、暖氣不離身。

我在西醫訓練的階段，曾經在外科開刀房待過相當長的一段時間，我從小家裡就是西醫診所，稍有咳嗽、發燒，甚至打噴嚏等任何身體不適的情況發生，愛女心切的醫師父親一定馬上給予西藥治療，長久以來，造成我的體質偏於寒涼及免疫力低下，服用西藥時，身體看起來是相安無事，但若是停止口服西藥，代價就是全身過敏、莫名的低熱及全身不適。

我的體質偏寒，又長時間待在溫度較低的開刀房工作，無疑是雪上加霜，體內臟腑已經能量不足，外界環境又是一片寒涼，加上我出生的季節是十一月底的冬季，各種內外因素都造成我偏寒的體質愈加明顯，因此與寒氣相關的諸多症狀，如過敏性鼻炎、下半身代謝偏低、夜尿及四肢冰冷等等，也與我長期共處。

養生有一個大原則就是「缺什麼補什麼」，所以偏寒體質的調理，大家可能會直接聯想到要補充各種偏熱的食材，可惜這樣似是而非的做法，也造成我另一個症狀——異位性皮膚炎的反覆發作。俗話說：「虛不受補」，又說「寒極生熱」，所以在經過親身及往後諸多臨床經驗的驗證後，我發現真正偏寒的體質，與其一味地進補熱性的藥材，不如先從去除寒氣做起。

## ◎偏寒體質

去除身體的寒氣，有非常多內外兼具的方式，以改善外在寒氣為例，改善周圍環境的溫度、適度維持中心體溫的恆定，都是很好的方式。人體有所謂養生使用手冊，以全身為例，中醫遵循「頭要涼、足要暖」的養生大原則，保持身體溫暖時，著重於背暖、胃暖、腹暖、足暖，但頭涼、胸涼的原則，就是衣服添加及保暖要適量，過多過少都不好，這樣的添衣建議，無論大人小孩、男女老少，其實都非常適用。

針對產後的婦女，在《黃帝內經》〈靈樞五禁篇〉特別提到：「新產及大血之後，是五奪也。此皆不可瀉。」意思是說，產婦在生產後或剛開完刀，有大失血的情況下，千萬不能瀉，不能用瀉火或瀉下的藥材，以免影響身體的陽氣恢復，同時對於偏寒體質的調理，適時的補養，絕對大有幫助。

除了外在寒氣的改善，去除體內寒氣的方式，首重運動。這裡的運動，指的是溫和地活動身體、瑜珈呼吸及穴位按摩等方式，而非劇烈的運動。目的是使身體微微發熱，感覺快要冒汗、卻未冒汗的程度即可，因為一旦過度劇烈運動，使身體大汗淋漓，反而會造成體內陽氣損耗，使得熱隨汗出，導致陽氣外洩。

最後一個最重要的步驟，就是從飲食中補充熱源。有效率地多吃能使身體保持溫暖的食材及中藥材，便能輕鬆改善偏寒體質。祛寒的熱性食材如胡椒、茴香、丁香、辣椒、花椒等，食物如羊肉、核桃、肉桂、乾薑等，都是很適合的食材。飲品方面，常見的咖啡及紅茶也是屬於熱性的食材，偏涼的綠茶就建議要少喝。

### ◎偏熱體質

偏熱體質的媽咪，體內就像有一個小型的三溫暖，陽氣過剩，本身體質就容易上火，還沒有懷孕之前，吃一點刺激性的食物就容易嘴破、冒痘痘或便秘，加上如果身處於台灣這種濕度高的環境，外溼加上內熱，就會讓屬於偏熱體質的媽咪感覺食慾還不錯、體力也還可以，但是容易會有口臭及腳臭，身上還經常會有不明的小疹子反覆發作。對於這樣體質的調理，首重排溼除熱，讓熱隨著水分排除，是最自然且根本的方法。

偏熱體質的調理重點，首重睡眠。殊不知新手媽咪剛生產完，初為人母的喜悅加上不習慣哺餵母奶，難免手忙腳亂，同時為了餵母奶，半夜無法一夜好眠是常常發生的情況。體質偏熱的狀況隨著年齡、情緒及外在環境都會略有不同，以產後的媽咪為例，偏熱的情況會更勝於產前，如果產後發生即使已經喝了非常足量的白開水，一天已經至少有兩千CC左右，還是依然感覺口乾的情況，很可能就是屬於偏熱的體質。

偏熱體質的媽咪在冬天生產時較為舒適，因為外界環境相對涼爽，但是對於在夏天生產的媽咪則是火上加油，如果家人和孕媽咪本身對於體質的了解不夠，一味地遵循產後老薑+麻油+米酒的料理原則，難保體質偏熱的媽咪不會越補越上火，不僅心煩氣躁、脾氣暴躁，有些媽咪甚至熱到整晚睡不著，不知如何是好。

其實針對偏熱體質的媽咪，建議冬天時可以適時地運動，稍微出汗，讓身體的熱氣得以發散，同時適量吃些清熱除溼的食物，也有助於排除體內濕氣，如薏仁、菠菜、紅豆、蓮藕等，都是非常適合的食材，同時記得不要吃糖分過高的食物，以免再度增加身體的熱量，同時也避免增加脾胃的負擔。

體質的判定，除了偏寒跟偏熱的差別，還要考慮到媽咪自身的抵抗力，也就是中醫所說的正氣！我們的身體當中，具有與外在病邪相對抗的能力，也就是所謂的免疫力，如果身體的正氣夠強，外邪便無法侵入體內，就不容易生病，這就是偏虛或偏實的體質的判定。偏虛的體質正氣減弱，即使外邪的勢力非常微弱，但因為無法抵抗，還是容易生病；反之，如果身體的正氣非常旺盛，必須是病邪非常強大的情況下，才會生病。

| 檢視寒熱體質 | |
|---|---|
| 偏寒 | 口乾、唇淡、易腹瀉、小便量多清清如水、母奶顏色淡白、惡露稀少 |
| 偏熱 | 口乾舌燥、唇紅、易便秘、排便偏硬、小便量少色黃、母奶顏色黃濃、惡露多臭 |

## ◎實證體質

中醫了解一個人的體質，除了從體內的五臟六腑、陰陽氣血的平衡著手，也會考慮導致身體疾病的因素。而這樣的因素，除了從體外入侵，如從體表及口鼻入侵，也有因為本身體內某處失調而引起的。在我們體內有一股與外界病邪或外邪互相抵抗及戰鬥的力量，在西醫稱為「抵抗力」，在中醫稱為「正氣」。如果身體的正氣夠強，能夠擊退外來的病邪，身體就不容易生病。相反的，如果身體的正氣無法抵擋外在的邪氣，病邪便會進一步侵犯身體的健康，造成疾病。

身體體質中的虛證與實證，講的便是身體正氣的強弱與病邪勢力平衡的狀態。

實證體質，指的是邪氣的勢力過於旺盛，雖然身體的正氣並沒有受損，但是因為外邪的勢力較強，還是會導致身體生病。

所以辨別身體的虛證或實證，在臨床上也是一個重要的判斷，特別是針對產後的媽咪而言，一些產後或孕期發生的狀況，究竟是因為先天體質較弱，導致產後雪上加霜，或是原本身體還算強健，但是因為懷孕期間受到外在因素的影響，例如半夜上廁所、隆起的腹部影響睡眠以及腰痠背痛等因素，不同體質的產後調理方向完全不一樣。所以，如何清楚了解究竟是虛性體質或是實性體質，必須配合運用中醫

「問診」的方式，才能清楚了解身體的變化。

## ◎虛證體質

虛證體質，指的是身體因為正氣減弱或不足，而引起的疾病。如果身體某個臟腑失衡，正氣便會減弱，即使外在的邪氣並不強大，但是因為身體的正氣無法與之對抗，還是容易生病。

偏虛的體質，可以再細分為氣虛、血虛、陰虛、陽虛四種，產後多以血虛、陰虛為主，除了生產造成的羊水及惡露的排出，產婦經常會有皮膚無光澤、心悸、手麻、肩痠等血虛症狀，也會有口乾、眼乾、眩暈等陰虛現象，有些產婦甚至會出現疲勞、食慾不振、胸悶等氣虛症狀，此時不僅要進行補養的食療，更要針對所缺乏的氣、血、陰、陽進行調理，才能有更明顯的效果。

偏虛體質媽咪的調養，可以藉由產後好好坐月子得到調理！血虛體質的媽咪建議多吃補血的菠菜、胡蘿蔔、羊肉、紅棗、當歸等食材及中藥材，陰虛體質的媽咪則建議多吃可以滋潤身體及保水的食材，如白木耳、山藥、核桃、芝麻、蜂蜜等，氣虛體質的媽咪則建議多吃補氣的糯米、馬鈴薯、豆腐等食物。

| 虛實體質症狀 | |
|---|---|
| 偏虛 | 經常全身疲倦、發燒時總是微微地燒、咳嗽聲音輕輕的但是反覆咳嗽 |
| 偏實 | 全身疼痛疲倦、經常高燒不退、咳嗽嚴重聲音宏亮、甚至伴隨嘔吐及腹瀉 |

## 以望聞問切進一步判定

藉由上述寒熱體質的說明，相信很多新手媽咪還是不太了解自身的體質到底是偏寒或偏熱，畢竟以口乾這個症狀來看，偏寒或偏熱的體質都會有，所以到底要如何正確地辨別呢？

其實，中醫師臨床觀察病人的體質，是透過更科學的方式，以簡單的望、聞、問、切四個步驟，來辨別每位媽咪的體質屬性。

### ◎望診

首先，望診包括望顏色、望神情，透過一眼先整體判定這個體質的大方向，再進行局部細節的觀察。首先，如果產婦步履蹣跚、彎腰駝背地走進醫師的診間，通常中醫師會先認定這是一位偏虛體質的產婦，如果產婦的身型相當嬌小，可能是虛寒體質，如果產婦的體型偏壯，則有可能是虛胖的體質；接下來會看看眼睛，如果眼白不夠清澈透明，甚至有點偏黃，中醫師會判定五臟中的肝有不平衡的情況，可能是肝火上炎，或肝血不足，或肝失疏泄；同時一眼望去，產婦幾乎都是素顏，觀察臉色的紅潤狀況也相當重要。正常生產後的臉色是紅黃隱隱，帶有微微的光澤，如果面色晦暗，兩頰充滿深淺大小不一的斑點時，中醫師會考慮體虛的情況，同時會詢問產婦是否同時有產後腰痠的情況發生。

望舌診是中醫一個獨特且非常具有臨床診斷價值的方法。一般望舌診會看舌頭整體的顏色、舌頭的柔軟度、舌苔的有無以及舌苔的顏色。正常的舌頭為淡紅舌，薄白苔、舌體靈活柔軟、活動自如。有些妊娠高血壓的產婦，在舌尖的位置會發現有明顯亮紅色的區塊，甚至有深紅色的紅點夾雜其間。中醫認為「舌為心之苗」，舌尖紅在中醫屬於「心火旺」的體質，而「心主血脈」，所以有心臟相關疾病，甚至妊娠高血壓的產婦舌上經常觀察到舌尖紅的現象，紅色的程度與血壓的高低數值往往也呈現正相關，甚至有的產婦在生產完，舌尖就恢復原本粉嫩的紅色，同時發現血壓的狀況也恢復正常，可見舌頭對於身體血脈相關的診斷有極高的參考價值。因此，臨床上看到走進診間，體型瘦弱、彎腰駝背的產婦，如果再加上臉色蒼白、舌色淡白幾乎無血色，中醫師幾乎已經判定她為「血虛」的體質了。

至於舌苔，反映的是胃氣的有無，如果舌苔極少甚至光滑無苔，表示胃陰已受損，此時會再進一步詢問產婦的睡眠情況，無法一夜好眠是常態，但是如果在可以完全休息的情況下，依舊無法安穩入睡時，就要考慮是否為因為脾胃受損引起的睡眠障礙了。中醫認為「胃不和則臥不安」，如果腸胃不適，容易影響睡眠，此時關於睡眠的調理，非但不需要任何安眠或放鬆肌肉的藥材，反而要建議產婦不要因為擔心產後身材不易恢復，而刻意節食或偏食，進而影響脾胃功能，影響睡眠品質，中醫師通常會建議產婦好好吃、好好睡，母奶自然源源不絕，不但增加許多額外的熱量消耗，能夠在產後迅速恢復身材，也同時兼顧好氣色呢！

望診還有一個客觀的位置，就是手指頭的月牙部位，尤其是女性朋友的兩個大拇指部位的月牙。中醫認為，從手指月牙的大小、指甲床的顏色，也能夠得知身體寒熱氣血的狀況。正常的月牙約占整個指甲的五分之一到五分之二大小，月牙反映的是體內微循環的狀況，與體內是否有寒象相關。舉例來說，如果臨床上看到走進診間，體型瘦弱、彎腰駝背的產婦，臉色蒼白、舌色淡白幾無血色，再加上兩手大拇指都完全沒有月牙，中醫師幾乎已經判定她為「氣血兩虛」的體質了。

**從五官看內臟**

| 望診五官 | 眼睛 | 舌頭 | 口唇 | 鼻子 | 耳朵 |
|---|---|---|---|---|---|
| 體內五臟 | 肝 | 心 | 脾 | 肺 | 腎 |

### ◎聞診

「聞」這個字，在門裡面有一個耳朵，也就是聽聞，利用耳朵觀察，也可以利用鼻子聞味道。通常我們會聽聞患者講話聲音的強弱，藉此判定身體偏虛或偏實的狀況，同時仔細觀察患者有呼吸及咳嗽等相關反應，來做整體體質的判定。如果產婦講話的聲音非常微弱，上氣不接下氣，表示體力不佳，身體偏虛，如果合併有呼吸非常微弱，幾乎沒有力氣多說話的情況時，表示肺氣不足，身體整體的正氣不足。這個時候如果有輕微咳嗽的現象，要特別加強肺氣的調理，因為產婦生產後原本體質就偏虛，此時呈現抵抗力低下的狀況，氣管排痰的能力也不佳，非常容易一受風寒就會生病。如果產婦的體質屬於容易口臭、排便偏硬，此種屬於偏實的體質，這時則不建議再盲目地進補，以免火上加油，反而造成身體的不適。

## ◎問診

進行產婦體質調理時，問診是一個非常重要的情報來源。為了確認身體的疾病發生情況，中醫師會透過問話收集相關的情報，除了五官，包括眼睛、耳朵、鼻子、嘴巴、舌頭等的狀態，還會進一步詢問身體是否有發熱或發冷的感覺，以及產後惡露的狀況，其實除了肉眼可見的症狀，透過問診了解產婦疼痛及心情相關的資訊，也是中醫師非常著重的重點。

在問診中除了詳細了解產婦過去曾經罹患的疾病或問題、平常生活的情況、睡眠及精神情況、家人間相處的情況、家人的健康情況等關係之外，也會著重於一些只有產婦才會知道的症狀，例如口乾、皮膚發癢、眼睛痠澀、頭暈不適等等，這些看似與疾病或產後似乎沒有直接相關的訊息，對於中醫師徹底針對體質，找出身體不適的根本原因時，很有幫助。

## ◎切診

切診是透過觸碰產婦橈動脈跳動的方式，來了解身體脈象的變化。通常中醫師會將食指、中指、無名指三根指頭，輕輕放在產婦的手腕，靠近拇指方向的骨頭內側，感受脈搏的變化。食指所碰觸位置的脈搏稱為「寸脈」、中指所碰觸位置的脈搏稱為「關脈」、無名指所碰觸位置的脈搏稱為「尺脈」。中醫根據統計學的原理，左右手的寸脈、關脈、尺脈，各與不同的五臟相對應。所以通常中醫師會先輕輕地把手搭在產婦的手腕上，如果輕輕放上手指時就可以感覺到脈搏，但是重按時卻又消失，代表「浮脈」，「浮脈」通常發生在感冒初期或疾病剛剛發生時；如果把手放在手腕上，需要非常用力時才能把到脈搏，此時稱為「沉脈」，「沉脈」表示病邪在比較深層的部位，通常有內在臟腑的問題；如果放在手腕上的三根指頭，都可以明顯感覺到強而有力、如琴弦般緊繃的強勁脈搏，此時稱為「弦脈」，「弦脈」表示精神方面的壓力較大，如果產婦同時又有睡眠方面的困擾，要特別小心可能有「產後憂鬱症」的情況。

**從脈象變化看臟腑**

| 對應臟腑 | 寸脈 | 關脈 | 尺脈 |
| --- | --- | --- | --- |
| 左手 | 心 | 肝 | 腎 |
| 右手 | 肺 | 脾 | 腎 |

除了手腕，中醫師也會透過按摩腹部，來了解身體的狀況。通常中醫師會請產婦在平躺放鬆的狀況下，先以整個手掌按壓整個大範圍

的腹部，如果腹部反彈的力道很強，代表產婦的症狀為實證，反之，如果反彈的力道很弱，則代表虛證。接著中醫師會再嘗試按摩胸骨下劍突部位的腹部，如果非常地強硬，代表可能有胃功能方面的障礙，如果有咕嚕咕嚕的水聲，表示胃中水分過多；接著會按摩小腹的位置，如果小腹鬆軟無力，代表精力衰退以及老化；如果按摩肚臍兩側腹直肌的位置，感覺非常緊繃，表示產婦的精神壓力比較大；甚至如果在整個腹部有按壓到局部刺痛或特別不舒服的地方，有可能是局部發炎或有循環不良的現象。

# 打造產後發奶好體質

產後第一個要面對的問題，通常與母奶相關。產後母奶不足的情況，有兩個最常見的原因，一是「氣血不足」，另一個是「肝鬱氣滯」。

## 中醫師教妳的發奶秘方

產後奶水不足，是許多媽咪的困擾，而街坊鄰居許多熱心建議的發奶秘方，似乎不一定有效，到底該怎麼辦呢？其實，每個媽咪奶水不足的情況都不一樣，有的是因為體質偏虛、氣血虧虛，有的是體質偏熱、肝鬱化火，有的則是因為年紀比較大才懷孕，產後明顯肝腎陰虛，導致奶水不足。發奶的各種食物也都有個別不同的屬性，有的食物偏燥補，適合體質偏虛的媽咪，例如桂圓紅棗茶、花生豬腳湯、紫米核桃粥、山藥芝麻糊、當歸滴雞湯等，都是常見的發奶食譜；有的食物偏涼補，適合體質偏熱容易上火的媽咪，例如青木瓜雞湯、薑絲鱸魚湯、香菇蛤蜊湯、木耳蓮子湯、金針排骨湯等等；有些特別加入滋補肝腎的中藥材，適合產後容易腰痠、掉髮，以及年紀較大或多產的媽咪，如杜仲山藥湯、何首烏雞湯、川七鱸魚湯、黃耆豬肝湯、龜鹿四神湯、黑豆燉腰花等，都是發奶又可口的藥膳，媽咪們只要選對適合自身體質的藥膳食用，一定能改善奶水不足的問題！

此外，心情與母奶的分泌量也息息相關。就中醫理論認為，保持心情開朗、愉悅，可令心血管系統強健運行，胸肌伸展、胸廓擴張、肺活量增大，如此一來，血液中的腎上腺素就會增多，肝經自然通暢。而肝與腎關係密切，腎氣旺足，則肝經氣血通達，因此能幫助乳腺豐滿、乳汁分泌。反之若是心情鬱悶，壞情緒便容易造成血管末梢循環不佳，而肝氣不順暢，就可能導致氣血不足、乳腺發育不順，甚至有乳房疼痛及乳腺的疾病產生。

中醫調理產後乳汁不足，建議以改善氣血循環、滋養肝腎為主，因為乳頭屬肝，乳房屬胃、脾，肝氣旺、脾胃功能好，氣血足，乳汁自然就充足。中醫理論認為，乳汁不足屬於萎症範圍，要治療乳房萎疾，治萎首治脾，因此以注重脾胃功能及補氣養血為優先，更強調採用辯證論治的方式對症下藥，以達到對個人體質之調理，再配合經絡推拿按摩來調理氣血，更能進而改善肝腎腸胃機能。

中醫理論上，鷹窗穴、乳根穴、膻中穴、大包穴等的穴位，都是在加強胸部四周的氣血循環，使脾胃功能增加對營養的吸收。鷹窗穴是由胸腔通氣於胃經的穴位，可強化胸腔和體表的氣血相互交流；乳根穴則是乳房發育充實的根本，屬胃經，能提高氣血流暢；而膻中穴屬脾、腎、三焦、小腸的會穴，在幫助發奶外還能防止乳腺炎、乳腺增生，增加孕婦乳汁。除外若能兼顧配合按摩刺激合谷穴、三陰交穴、足三里穴，除了疏通經絡、促進脾胃功能吸收養分，還提升了蛋白質與脂肪吸收，來輔助以上穴位按摩治療的成果。平時從腋下拍打淋巴，以刺激氣血循環、打通阻塞通道，也可以預防產後胸部下垂，並幫助乳汁分泌。

## 發奶不足與脾胃功能有關

母奶是母體透過吸收食物中的精華，經過脾胃轉化為「精」之後，所產生的物質。所以「精」可以理解為製造身體氣血的原料，以及構成生命根源的物質。如果是脾胃虛弱的母體，無法藉由飲食吸收足夠的營養到體內，便無法製成足夠的母奶。這種體質的產婦，脾胃虛弱，食慾通常不太好，而身體因為氣血不足，也呈現臉色蒼白、容易疲倦、皮膚乾燥、頭髮易落的現象。此時建議產婦多休息，必要時甚至要多臥床，減少不必要的體能損耗，同時可以多吃一些容易消化的食物，以促進脾胃功能的恢復。

豬腳對於母乳不足，又氣血兩虛的產婦非常適合，但是過於油膩的脂肪反而會影響脾胃的吸收。通常會建議直接把豬腳放在鍋中乾煎，逼出豬油後取出瀝油，並加上適當的當歸、少許米酒，以燜燒鍋慢火燉至骨肉以筷子輕輕一夾隨即分離的程度即可。要喝之前記得先放涼，撈去浮油後再加熱喝。豬腳是發奶的優良蛋白質來源，當歸是補血最常用的中藥材，適量使用既味道清香，又可以去除豬腳的腥味，非常推薦。此外吃素的產婦也可以多吃一些具有補充氣血的食材，例如芋頭、香菇、馬鈴薯、紅棗、胡蘿蔔等等。中醫師此時通常會處方十全大補湯、當歸補血湯或補中益氣湯，穴位方面則是建議手部的合谷穴及腳部的足三里穴。

## 氣血循環影響母乳分泌

如果是因為累積過多的精神壓力，導致肝的疏泄機能受影響，便會使得肝疏泄及藏血等功能也受到影響，因為氣血循環減退，母乳分泌的量也會降低；因為氣血停滯淤積，產婦經常會發生乳房脹痛、乳房硬塊、腹部悶脹甚至發生乳腺炎的情況。這種因為「肝鬱氣滯」導致母奶不足的情況，通常會發生在第一次生產的新手媽咪身上，或是先生剛好是獨子，連續生了幾個女孩，終於生出男孩的情況等。此時精神緊繃、焦躁不安的緊張媽咪，如果一直擔心自己的母奶不夠，很容易陷入惡性循環，反而奶量更受影響。

針對這樣的情況，會建議產婦盡量保持平常心，多與有經驗的媽咪交流聊天，分享並傾訴心中的疑問及壓力，盡量避免獨自面對、鑽牛角尖，才能讓肝主疏泄的功能恢復正常。有些食物可以幫助疏肝理氣，放鬆心情，如白蘿蔔、菠菜、油菜、綠花椰菜、蕎麥、山楂、番茄，如果情況比較嚴重，中醫師會視體質處以柴胡疏肝湯、大柴胡湯或逍遙散，也很推薦喝「山楂番茄牛肉湯」，幫助疏肝理氣、恢復穩定情緒，同時促進發奶，而穴位則推薦小指手指甲側的少澤穴，及兩乳中間的膻中穴。

| 母奶不足 | 食材 | 中藥湯劑 | 藥膳推薦 | 穴位 |
|---|---|---|---|---|
| 氣血兩虛 | 芋頭、香菇、馬鈴薯、紅棗、胡蘿蔔 | 十全大補湯<br>當歸補血湯<br>補中益氣湯 | 當歸豬腳湯 | 合谷穴<br>足三里穴 |
| 肝鬱氣滯 | 白蘿蔔、菠菜、油菜、綠花椰菜、蕎麥、山楂、番茄 | 柴胡疏肝湯<br>大柴胡湯<br>逍遙散 | 山楂番茄牛肉湯 | 少澤穴<br>膻中穴 |

## 乳腺發炎不能只靠打退奶針

很多媽咪關心打退奶針是否會造成胸部縮水的現象，臨床上，其實很少遇到因為打退奶針而造成胸部變小的情況，如果有變小，也只是恢復成懷孕前的大小。不過一般會選擇打退奶針的情況，通常是發生過乳腺炎的媽咪，或第一胎有塞奶經驗的媽咪，所以，在這種情況下，媽咪們的問題其實是「乳腺不通」，進而產生乳腺發炎的現象。

要解決乳腺發炎的方法很多，不是只能靠打退奶針！通常建議使用物理的方式按摩、服用暢通乳腺的中藥材或進行乳房周圍的經絡按摩。按摩的原則，在每次餵奶後，仔細觸摸整個乳房，找出摸得到的硬塊，立刻熱敷並按摩，輕輕地將乳汁擠出，使硬塊變軟；服用幫助乳腺通暢的中藥材，中醫師通常使用通草、柴胡、漏蘆、路路通、天花粉、白芍、白朮等為基本方，再根據產婦的體質酌量加減黃耆、青皮、炙甘草或當歸等藥材，同時配合胸部周圍的經絡按摩。

經絡按摩的方式如下，以左胸為例，先將左手舉高，左手掌枕在脖子後面，以右手握拳，由乳腺的方式向乳頭處按摩，以順時針或逆時針的方式整個暖身一次，再加強局部有感覺硬塊的地方，往乳頭方向推出，一天建議至少三到六次，視媽咪的情況而定，最好在每次用餐前都能先按摩，餵完母奶後再按摩一次，這樣一次可以疏通胸前的胃經、肝經、脾經，胸口的任脈、腎經及胸旁的膽經，一共六條經絡，加上上手臂位置的肺經、心經、心包經，透過經絡的按摩，不僅可以舒緩媽咪緊繃的情緒，也能夠緩解乳腺炎的不適唷！

# 坐月子大哉問一次破解

婦女生產後身體比較虛弱，因此很多老人家會告誡產婦坐月子期間不可以碰水、不可以洗頭、不可以洗澡。然而對於許多產婦來說，坐月子期間不能洗頭、洗澡是非常大的困擾，到底該如何是好呢？

## 坐月子能不能洗頭、洗澡？

「坐月子期間不能洗頭」的這個禁忌，對於許多產婦而言，是最大的挑戰，甚至是婆媳之間的革命。我回顧古書的理論，加上自身的經驗，得出一點小小的心得，或許可以提供產婦們參考。

因為我本身生了兩胎，對於古法坐月子這件事，非常有興趣，也非常有實驗精神。所以在生下老大之後，我嚴格遵循古法坐月子的規範，也就是不洗澡、不洗頭，也不喝冷飲。當然，在生完老大之後，我虛寒的體質因為這樣的調養，獲得了相對溫和的平衡調養，所以在生第二胎時，我並沒有完全遵守古法坐月子，在產後第三周，習慣留長頭髮的我實在受不了蓬頭垢面的自己，洗了第一次頭，當然是用熱水洗頭，同時在浴室就把頭髮吹到全乾，而往後並沒有感受經常會頭痛，或有任何頭部不適的症狀。

中醫認為，頭為諸陽之匯，人體肝脾腎三條陰部的經絡，與督脈會於顛頂，也就是說，與生產相關的經絡，會透過經絡與頭頂的經絡相會合，如果頭部受寒，產後惡露便不易排出。因此，建議平常生理期期間，如果一洗頭，就感覺月經的量明顯減少的產婦，最好在月子期間避免洗頭，理由是擔心惡露排不乾淨；反之，如果平常月經來時沒有這個困擾的媽咪，則可以直接洗頭，並不會對身體造成任何傷害！如果自己無法判斷，又非常擔心的媽咪，也可以仿照我的模式，在產後第三周再開始洗頭，一方面惡露幾乎已經排得差不多了，身體的狀況也應該恢復得差不多了，提供給大家參考囉！

## 產後一定要喝生化湯嗎？

生化湯是由當歸、川芎、桃仁、炮薑、炙甘草所組成，用於促進產後的子宮收縮，多用於產後惡露未盡時，是養氣活血、祛惡露、產後補血的主方。婦女在生產過後，子宮內膜需要重建、再生，否則會影響到之後的懷孕情形，而生化湯的主要功能就在這部分，最佳服用期間為產後七至十天，每天一次，最好不要超過產後二星期，否則反而可能使子宮內膜不穩定，而造成負面影響。

而雖然說生產後可以喝生化湯來排惡露，但使用時也必須先辨別個人體質，並不是每個人都適用，所以以中醫的觀點來說，沒有任何一帖藥方或藥膳，是所有人都可以服用的，就連生化湯也應該要順應不同的體質，做不同的加減方處理。建議產婦最好還是找專業的中醫師，按自身體質調配適合的滋補處方。

當然，要幫助產婦快速恢復元氣，不變的調理原則是「顧腸胃、補氣血」，所以產後的婦女，調理上多以活血化瘀、補血養血、補腎益氣為重點。同時還要顧及產婦的情緒問題，以及按產婦的體質來調整飲食。

生化湯除了有幫助產後惡露排出，達到活血化瘀的功效外，還可以促進乳汁分泌、調節子宮收縮以及預防產褥感染。在服用時間上，一般自然產可從生產後第二天開始連續服用五至七天；剖腹產則建議從第四天開始，連續服用三至五天。至於實際適合自己的服用時機和份量，還是應遵循專業醫師指示，否則生化湯若過量服用，也有可能反而延長惡露時間，影響子宮內膜新生，造成出血不止等現象。

## 為什麼產後要吃麻油雞？

黑芝麻性平、味甘，有滋養肝腎、潤燥滑腸、強筋骨、活血脈、烏髭髮、益壽延年等功效。現代藥理學研究發現，黑芝麻富含維他命E，可以延緩衰老，同時富含很多人體所需的胺基酸，可以加速身體的新陳代謝，只要平時多食用，就能夠活化腦細胞、預防貧血，還能夠治療因為腎藏精不足，而導致的四肢無力、頭暈眼花、頭髮早白、產後缺乳等症狀。所以產後適量的吃些麻油、老薑及雞肉，不僅可以幫助產婦恢復體力，幫助發奶，芝麻還可以預防產後白髮的困擾。

對於原本體質偏虛的媽咪來說，產後適量的麻油雞，甚至加點米酒，不僅可以幫助身體的血液循環，溫暖手腳，還可以溫暖下焦，幫助溫補腎陽呢。在烹煮麻油雞的過程中，首先要把雞皮乾煎，逼出油後爆薑，之後才放麻油，因為麻油不耐高溫，遇熱容易過氧化，應避免高溫烹煮。熱性體質的媽咪在料理中麻油、薑和酒的份量要少，也可以改用山藥、蓮子或黑糯米跟雞肉一起燉煮。

## 坐月子時可以喝白開水嗎？

是的，請務必記得喝白開水。即使身體已經喝了非常多的湯湯水水，還是不能缺少水。在人體必需的營養素裡，水被稱為第六大營養素，只有水，才能將身體多餘的廢物溶解在水中，並排出身體外。坐月子期間的藥膳湯品，很多都是高鉀的好食材，也有幫助身體排除多餘水分的效果，但是如果完全不喝水，反而會讓身體陷入高濃度電解質的危機中，導致身體缺水，嚴重時容易引發胸悶、心悸、身體發熱、腎結石，甚至還會影響睡眠品質呢！

室溫的水最推薦，冰水容易刺激氣喘或使血壓不穩，尤其媽咪們在手忙腳亂後想喝一杯水，室溫的水最為適合。正確的喝水速度，應該是不疾不徐，一小口一小口地品嚐，就像在咀嚼食物一樣的喝法，最能讓身體充分吸收水分。如果老是等感覺口渴了，才記得喝水，其實有點來不及，因為此時大腦裡的下視丘已經下達了口渴的指令，表示身體已經感覺缺水了，不過也無須擔心，此時只要適時地喝一兩口水即可！

長輩會建議喝米酒水，或荔枝殼水等等，其實以現在醫學的研究，並非絕對必要。只要是煮沸過的水，含有的微量元素是最多的，也不需要在水中另外添加營養素，如果想讓身體更健康，建議避免使用山泉水，畢竟我們無法確認水源是否有遭到汙染，另外晨起時水龍頭的第一杯水不要喝，因為一夜未流動的水，在晨起第一杯有較多的雜質，最好不要喝。

## 如何拯救產後掉髮？

中醫古籍《黃帝內經》言「髮為血之餘」，意思就是說頭髮生長所需的養分，是仰賴充足血液來供應，若有偏食、貧血、血虛、營養不良等，使頭皮缺乏充足營養供給，就可能造成落髮，因此原本就有貧血的媽咪，在產後經常會出現掉髮的現象。

另外值得注意的是中醫理論認為「肝藏血」，若有肝血虧虛、肝氣鬱結、肝火上揚等問題，也特別容易掉髮。情緒不佳易發怒的媽咪，容易導致肝火上揚；產後因為生活型態改變，壓力造成的肝氣鬱結，會影響肝的疏泄功能，阻礙養分運送至頭皮，使頭髮枯槁脫落，這時候，除了以中醫疏肝解鬱之方劑調理，真正的解決方式莫過於學習排解壓力，時時刻刻維持好心情了。

中醫認為「腎藏精，其華在髮」，因精能化為血，精盛才能血旺，頭髮就能烏黑亮麗。在飲食上，可多吃蛋白質，如瘦肉、蛋類、海鮮類、豆類等；「黑入腎」，多食黑色食物可補益腎精，如黑芝麻、黑木耳、黑豆等；含鐵可補血的龍眼乾、紅棗、葡萄等，也可多多食用；此外，蘊含碘、鐵及B12的海藻類，如海帶、紫菜，也是預防貧血的重要營養素，有落髮困擾的媽咪們，記得維持均衡飲食，便能使頭髮得到充足養分。

## 產後手腕疼痛、肩背痠痛如何舒緩？

辛苦的媽咪們，在產後不斷擠奶、洗奶瓶及照顧小寶貝的過程中，難免會頻繁重複地使用手腕的肌肉，因此在月子期間發現手腕疼痛的媽咪們也十分常見。

如果發生疼痛的位置靠近手腕大拇指側，醫學上有個名詞稱為「狹窄性肌腱滑膜囊炎」，也就是俗稱的「媽媽手」，在醫學解剖位置上的伸拇指短肌肌腱，與外展拇長肌肌腱處的滑膜囊發炎，原因當然是因為重複性的動作做太多，肌腱過度負荷後便產生發炎的狀況，臨床上媽咪會感覺手腕卡卡的，動作不太靈活，局部可能有壓痛點，或某個姿勢時會特別疼痛等。

面對「媽媽手」，最好的解決方案便是休息，並減少手部頻繁的活動，或戴上護腕。在手腕有個「陽谿穴」，經常按摩，也可以達到緩解手部疼痛的效果。陽谿穴位於手腕背橫紋靠近大拇指根部的凹陷處，有手陽明大腸經經過。取穴時，可以手背向上，大拇指往後彎曲，在手掌上折時出現的凹陷中央點找到這個穴位，經常按壓陽谿穴可以調整手腕周圍的經絡，伸展手腕的關節，幫助恢復手腕的疼痛。

## 產後便秘又脹氣，有沒有解決辦法？

許多媽咪在產後經常有便秘的困擾，有的是生產前就有便秘的問題，懷孕時因為腹壓增加，往往在生產後就發現有痔瘡，更加重原本便秘的困擾。有些媽咪則是有脹氣的困擾，常常動不動就感覺腹脹不適，如果吃太快或是吃太飽時，感覺更不舒服，只有在打完嗝或是放完屁之後，才會感覺比較輕鬆！

只是，產後胃腸的不舒服，究竟會不會對身體的健康造成影響呢？答案是：有可能。一般腸胃脹氣是十分常見的，只要是吃多了會產氣的食物，例如豆類、洋蔥、胡蘿蔔、牛奶等，就很容易會脹氣，但是便秘引起的脹氣需要特別治療，因為這樣的脹氣通常伴隨著腹壓增加，如果升高的腹壓往後影響腰背部，會造成腰瘦背痛；如果升高的腹壓往上頂到橫膈膜，會影響肺部氣體的交換空間，也會導致呼吸不順暢、缺氧疲勞、胸悶心悸等現象；如果升高的腹壓往下壓迫大小腸及卵巢、子宮等器官，也會引發腹痛，並影響子宮的收縮呢！

所以建議有便秘困擾的媽咪要積極面對排便的問題，如果有必要時可以尋求醫師的協助，服用軟便劑，或尋求中醫師的協助，視體質選用決明子、山楂、大黃、麻子仁、當歸、地黃等中藥材來調理。

中醫學對於便秘的產生，不只認為是大腸的傳導功能失常，也與脾胃肝腎等臟腑有密切關係，若脾氣不足、氣虛下陷，則大腸傳輸無力，就可能導致「虛秘」；而胃熱過盛、胃酸熱灼，則腸道失於濡潤，則可能導致「實秘」。

### ◎實秘型的建議茶飲

**熱結型實秘：**屬易燥熱體質，容易腹部脹痛，因此以清熱潤腸為主，可以中藥的大黃、芒硝等藥材製作茶飲，改善這類型便秘。

**氣滯型實秘：**肚子易脹氣，食慾較差，可以順氣導滯的藥物來幫助改善便秘症狀，以枳實、厚朴等藥材製作茶飲，改善這類型便秘。

## ◎虛秘型的建議茶飲

**氣虛型虛秘：**身體易疲累無力，建議以黃耆、白朮、火麻仁這類益氣潤腸的藥材加水煎煮後當茶飲調服。

**血虛型虛秘：**面無血色、血虛津枯而導致便秘，建議以養血潤燥通便為主，以當歸、火麻仁、柏子仁等藥材加水煮成茶飲，以潤血強身並通便。

**陽虛型虛秘：**因腎陽失溫，常見四肢冰冷又排便乾澀，重點則在於溫陽通便，因此可以將肉蓯蓉、當歸、牛膝、枳殼等中藥材加水煎煮成茶飲調服。

便秘時亦可藉由一些穴位的指壓來做為改善的方法。

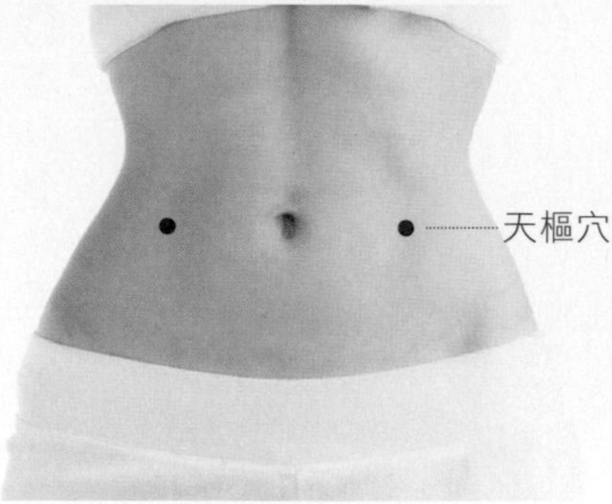
天樞穴

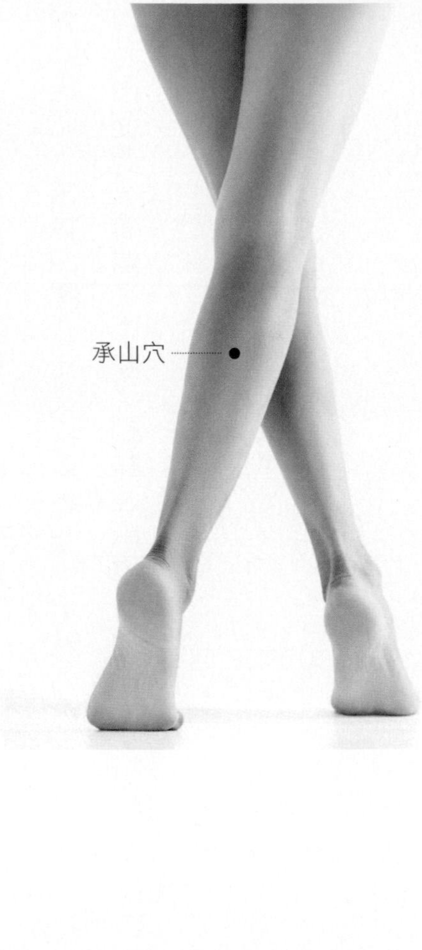
承山穴

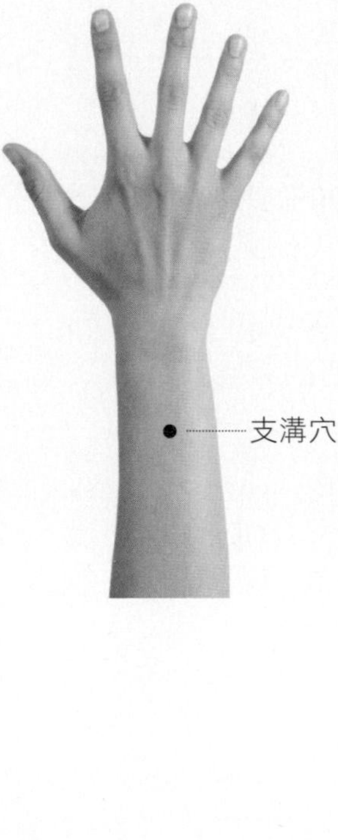
支溝穴

### ◎支溝穴

**位置：**支溝穴位於手臂前側背部，距離腕橫紋上四指（三寸），也就是前臂兩骨之間的凹陷處。

**說明：**支溝穴為三焦經所行之經穴，三焦經脈在體內有主持諸氣、通調水道、清腸通腑的作用，若三焦經受邪，則腑氣不通便形成便秘。保養支溝穴可以疏通三焦經脈氣機及潤腸通腑的作用，是治療便秘的有效穴，適用於習慣性便秘之情況。

### ◎承山穴

**位置：**承山穴，位於小腿肚正中處，腓腸肌肌腹的尖角凹陷處。

**說明：**承山穴可使經氣通於大腸，並理氣散滯達肛門處，可治療肛門周圍如痔疾、便血、便秘等不適。

### ◎天樞穴

**位置：**天樞穴位於肚臍旁開三指（兩寸）的位置。

**說明：**此穴位能增強腸道蠕動並溫運氣血、通腸導滯，是適用於脾胃陽虛的便秘。尤其是產後婦女、腸道機能衰弱、腸道蠕動減退，有長期便秘問題的人。

## 產後失眠的救星在哪裡？

許多媽媽都有這樣的經驗，怎麼樣也無法入睡，而且容易淺眠又易醒，不知該如何是好？失眠現象對產後媽媽而言相當常見，最主要的原因是因為心裡掛念剛出生的小寶貝，如果寶寶輕輕哭喊，不知他是餓了、渴了，還是尿布濕了；如果寶寶放聲大哭，媽媽鐵定第一個驚醒，新手媽媽還會感覺不知所措，更別說要一夜好眠了。

其實，按中醫陰陽學說而言，夜為陰，而神其主，神安則寐，神不安則不寐。所以中醫把失眠的成因主要區分為心脾兩虛、心膽氣虛、肝鬱血虛、瘀血內阻、陰虛火旺等症型。如果屬於瘀血內阻、陰虛火旺等症型，除了失眠外，還常常合併情緒煩躁不安、頭痛、心悸、精神緊張等問題，在治療方面，除了依辯證論治調理，也需要同時改善氣虛的現象，讓氣血通暢，才有助於治療失眠。

常見的中醫藥方，心脾兩虛者多以歸脾湯加減方；陰虛火旺者多以黃連阿膠湯加減方；心膽氣虛者多以安神定志丸加減方；肝鬱血虛者多以龍膽瀉肝湯加減方；瘀血內阻者則多以血府逐瘀湯加減方來進行調理。

除了服用中藥，中醫建議按壓穴位也可改善失眠。常見穴位包括百會穴、天柱穴、內關穴、心俞穴、肝俞穴等，以及就寢前加強百會穴、安眠穴、大椎穴、然谷穴等，對於安神、舒眠、放鬆都有很顯著的效果。

另外，由於大多數失眠患者皆有精神緊張、肌肉緊繃等症狀，按壓頸背時，亦會明顯感到肌肉僵硬及疼痛。因此也鼓勵平時可多按摩脊柱旁的足太陽膀胱經兩側肌肉，可同時幫助消除頸肩不適。

食補亦可改善睡眠，食材選擇主要皆以具備安神、鎮靜效果為主。最常見是可隨即飲用的「龍眼茶」，以及烹煮簡單的「豬肉酸棗仁湯」。

「龍眼茶」的製作方法相當簡單，僅需先將龍眼肉二十五克洗淨後，放入杯中，再注入沸水，燜出味後即可飲用，每日一杯便有補益心脾、安神益智的功效。而「豬肉酸棗仁湯」是需要先將洗淨的豬肉約一兩與酸棗仁、茯苓各十五克，加上遠志五克與開水一同煮沸，待小火燉至豬肉熟透後即可食用，幫助補血養心、益肝寧神。

常見的助眠食補還包括可幫助健腦強身、鎮靜安眠的「天麻什錦飯」、「遠志棗仁粥」，以及有益氣養陰、清熱安神之功效的「百麥安神飲」等，都是製作簡單，且無副作用的助眠食膳。

足浴療法同樣可治療失眠。就中醫穴位療法來看，足部不僅是足三陰經的起始點，也是足三陽經的終止點，甚至光踝關節以下，就包含了六十多個大小穴位。因此若有失眠問題，在睡前簡單以熱水泡腳二十至三十分鐘，即可刺激特定穴位，藉以疏通經絡、安神鎮靜、幫助入睡。

## 鼻子過敏，可以利用坐月子期間改善嗎？

針對鼻子過敏問題，一樣要依體質分為寒熱，對症治療。過敏性鼻炎若為寒性體質，通常屬於肺氣虛寒，長期受流鼻水、鼻塞和容易感冒所苦，尤其碰到冷空氣，寒邪入侵，使得人體陽氣自然鼓動，試圖驅逐寒邪，臨床會發現媽咪不停地打噴嚏和流鼻水。中醫在治療寒性鼻過敏的方式，主要會以溫通和補氣、祛風散寒為主，常用的藥材包括辛夷、紫河車、炙甘草、炒白朮、黨參、荊芥、五味子、訶子、防風、細辛等。

而熱性體質的鼻過敏媽咪，通常肺有邪熱，經常流黃色膿稠的鼻涕，並有鼻塞、嗅覺遲鈍等症狀，在治療這類鼻過敏的方式，主要會以清肺熱為主，常用的藥材包括藿香、赤芍藥、黃芩、辛夷、桔梗、蒼耳子、川芎、桑葉、白芷、薄荷、金銀花、桑白皮、魚腥草等。

除了內服中藥，中醫特有的三伏貼，臨床運用在產後媽咪身上，成效也非常好。三伏貼是將中藥直接敷貼於特定穴位，藉此對穴位產生化學性、熱性刺激。此法長期被用來預防、治療過敏與氣喘等疾病，都有很好的成效。

三伏貼療法大部分都在夏天進行，主要基於冬病夏治的概念，若能趁著夏天天氣熱，人體的陽氣比較充足，病症也較輕微時，在特定穴位敷貼溫熱性的藥物，便能刺激穴道，將熱性傳導進身體，加強身體陽氣，強化對外界溫度變化、過敏原、病原菌的抵抗力，進而緩解發病的症狀。

三伏貼的製作主要是取白芥子、細辛、甘遂研細末，接著用生薑汁調和，製成拇指大小的藥丸，最後用膠布將藥丸固定於肺俞、風門、厥陰俞、心俞之穴位雙側，建議每次一至三小時。

由於三伏貼僅將藥貼在皮膚上的穴位，並不經過口服，因此沒有藥物對胃腸道刺激的副作用，也不需要經過肝臟與腎臟的代謝與排除，不會影響肝腎功能。但因個人病症和體質都不同，因此儘管同樣是鼻過敏的問題，也並非每個人都適合以三伏貼進行治療，還是需要由專業中醫師進行評估判定才行。

## 皮膚反覆濕疹，該怎麼坐月子？

濕疹是一種嚴重的反覆皮膚發炎，發作時，皮膚會不停有搔癢的情況產生，通常發生在固定的部位，代表體內的濕氣比較高。中醫認為，濕疹皮膚搔癢、紅腫等症狀雖是病發於體表，但其實是體內臟腑血氣受損而引發的，尤其與肺、脾、腎三經有密切關係。

遵循中醫辨證論治的原則，依據媽咪症型，主要可分為風熱、濕熱皆盛、脾虛濕盛、血虛風燥四大類型。

**◎風熱型，風濕熱並重者**

這類型患者常有劇癢、皮膚抓破出血、皮膚顏色偏紅等症狀，發病迅速，且身體各個地方都可能發作。在中醫治療上多以魚腥草、地膚子、薄荷葉、白芷、牛蒡子、生地、金銀花、黃芩等清熱利濕、祛風涼血的藥材為主。

**◎濕熱俱盛型，熱重於濕者**

這類型患者，由於屬於濕熱皆盛的體質，因此常會出現奇癢難耐、皮膚潮紅發熱等症狀，嚴重甚至可能引發皮膚潰爛。因此在中醫治療上多以黃芩、地膚子、夏枯草、金銀花、苦參等這類清熱之品來達到清熱利濕之療效。

### ◎脾虛濕盛型，濕重於熱者

這類型患者，由於脾虛濕盛的體質，因此常會出現皮膚搔癢、有皮膚糜爛滲液等情況。因此在中醫治療上多以薏仁、茯苓、陳皮、生甘草、厚朴等健脾除濕的藥材來進行調理改善。

### ◎血虛風燥型，慢性者

血虛風燥症型的患者，因皮膚容易乾燥脫屑，因而時常會感到搔癢，甚至患處常因色素沉著而顯得暗沉。因此在中醫治療上，多以生地、當歸、川芎這類養血滋陰潤燥的藥材來調養。

另外，皮膚較乾燥者，中醫治療上也會建議使用紫雲膏或蘆薈凝膠這類外用藥材來幫助清熱解毒，抑制並緩解發炎反應。

## 有妊娠糖尿病，要注意什麼？

懷孕期間為了能夠給予胎兒足夠的養分，孕媽咪的身體會自動產生多種荷爾蒙，幫助胎兒的成長發育。這些荷爾蒙也往往造成孕媽咪的血糖值偏高，幸好大部分的媽咪都能正常分泌胰島素，所以血糖的變化不會太離譜。但是，如果在懷孕期間，糖水測試沒有過，醫師又要求嚴格的飲食控制時，該怎麼辦呢？

首先，有幾個觀念可以先分享給大家。對於已經是糖尿病的人而言，為了避免血糖不穩定，醫師通常會建議少量多餐。但是對於妊娠糖尿病的媽咪而言，一直進食的習慣，反而讓胰島素完全沒有休息的時間，如果媽咪生產後又減少運動量，過高的血糖反而容易吃進更多的熱量，導致惡性循環，使血糖更不易控制喔！

所以還是建議三餐定時定量，少吃白米、白麵條、白饅頭、白粥、白糯米類的食物，以粗糧或高纖的食物為主食，例如地瓜、芋頭、蓮藕、山藥、花生等等，而份量還是以主食的份量計算。同時建議少吃高甜度的水果，少喝豚骨高湯，最好不要額外吃奶油或牛油製品，每次進食時間最好間隔四小時以上，讓腸胃道恢復基本的功能，也有助於血糖的穩定。

# 怎麼兼顧坐月子及產後瘦身？

很多人為了減肥，一天只會吃一到兩餐，但是這種方式真的瘦得下來嗎？其實不然。若是想要健康地減重，每天吃飯最好還是要定時定量，因為人體的腸胃，大約每五個小時就會進行循環，如果空腹的時間太長，胃中就沒有食物去刺激膽汁分泌，這樣會造成一些問題，例如膽結石。

一天三餐當中，最重要的就是早餐，所以早餐千萬不能不吃，如果不吃早餐，導致血糖過低，反而會讓身體開始累積飢餓感，讓中餐跟晚餐的食慾更無法克制，同時會增加脂肪的吸收程度，更容易發胖。正確的產後瘦身方式，就是要懂得控制攝取的熱量，每天都要消耗掉吸收的熱量，這樣才能瘦下來，以哺乳的媽咪而言，勤快地哺餵母奶，便是一個很好的消耗熱量的方法！一般晚上的活動量不如白天高，較不容易消耗掉攝取的熱量，建議晚餐可以多補充一些高纖維的蔬菜，不要選擇高熱量的食物。

要知道腸胃蠕動的同時，也是在消耗熱量，如果沒有攝取食物，腸胃當然也會停止蠕動，所以不建議一天只吃一餐，這樣反而容易發胖。

其實產後瘦身首先要了解一個概念，完全不吃東西，或是不吃某種東西，一定是瘦不下來的，這樣會導致營養不均衡，反而容易發胖，所以不應該完全拒絕澱粉，而是要選擇正確的澱粉。

澱粉是有分別的，一種是天然食物含的澱粉；另一種則是再製合成的澱粉食品。若是想要瘦身，應該要攝取前者，因為屬於天然的澱粉，比較不會對身體造成負擔，例如全麥、玉米、馬鈴薯、芋頭、地瓜、山藥、紅豆、花生等，都是屬於這類的澱粉，建議大家可以選擇這些為主食，不過這類澱粉並不是完全不會胖，所以還是不能攝取過量。

剛生產完的婦女，非常容易有小腹凸出的問題，第一是因為懷孕期間吃得比較多，導致累積了較多的脂肪，再者是因為肚子因懷孕而被撐大，導致生產完會有肚皮鬆弛的問題，但可以不用太擔心，只要慢慢地讓自己瘦下來，尋求健康的瘦身方法，一定可以回到生產前的狀態，勤快地哺乳其實也會幫助瘦身。

中醫強調辨證論治的治療理論，根據個人體質不同，來改善肥胖，大致上產後肥胖體質分為四大類，分別為胃熱濕阻型、脾虛痰濕型、肝鬱氣滯型及肝腎陰虛型。

### ◎胃熱濕阻型

這種媽媽通常是習慣飲食較油膩、工作環境壓力較大的情況，使得體內過於燥熱、易有口臭、情緒煩躁，因此以清胃火為主，主要是以促進新陳代謝、降低血脂及膽固醇，並增進皮膚排汗。

茶飲方面，以偏涼性物質為主，如：決明子、綠茶等。但腸胃不佳者，要避免飲用過量。

### ◎脾虛痰濕型

這類的人氣血較不足，中醫理論認為，氣血虛會導致脾功能弱，因此若氣血補足，代謝正常，身材自然不會肥胖。可多食飲薏仁以利濕。另外，也可以黃耆、茯苓來補中益氣增強免疫功能、利水退腫來增強身體代謝率。

◎肝鬱氣滯型

肝的好壞，影響體內「氣」的運行是否順暢，肝鬱氣滯也會影響脾的運化功能，這種類型的媽咪容易有肚子脹氣、胸悶等症狀產生。茶飲部分可飲玫瑰茶，主理氣；或是陳皮，來助消化、祛痰。另外，桂花茶也很好，裡面有桂花養胃、玉竹滋陰、黨參益氣及枸杞養肝腎、佛手則可消脹氣。

◎肝腎陰虛型

多半為年長之人，重點為滋陰補血。這類人易有頭暈、睡眠差、腰痠背痛等症狀，加上陰血不足，以中醫理論認為需加強活血。藥材可選何首烏、丹參來降低血脂、膽固醇，以達到活血功效。另外，茶飲部分，可飲蜜黃精茶，蜜黃精養肺、何首烏益精血、絞股藍可清熱、紫蘇散寒，加點茉莉花還可理氣。

## 自然產與剖腹產的調理方式不一樣嗎？

其實不論是自然產或剖腹產的媽咪，產後營養均衡、飲食多樣化的原則都是一樣的。只是自然產的媽咪，一般會以惡露的狀況，來了解體內子宮收縮及恢復的狀況。正常產後一到三天會有量多、呈鮮紅色的惡露，一般沒有特殊味道；之後惡露會變成粉紅色、夾雜血清狀物質，持續產後七到十天；產後十到十五天的惡露，以淡黃色或白色為主，此時代表子宮收縮的狀況良好，也不需要繼續或額外吃生化湯了。

剖腹產的媽咪因為開刀時，幾乎都已經把大部分的胎盤組織及血塊清除乾淨了，所以產後惡露的情況一般比自然產量少。

一般生化湯建議的服用時機，自然產的媽媽為產後五到七天，剖腹產的媽媽則為產後七到十天，如果在服用生化湯期間，原本已經變淡黃色的惡露又轉為鮮紅色，或是突然有大量血塊冒出，一個小時會讓一整片衛生棉濕潤的程度，同時伴隨腹部疼痛的話，要立刻停止服用生化湯，同時建議立即回婦產科觀察。

關於運動的時機，不論是自然產或剖腹產，產後都建議遵守循序漸進，由溫和的運動開始。畢竟產後氣血虧虛，此時最重要的還是休養生息，適當地運動，目的在於緩和情緒、幫助睡眠，並讓體能恢復！所以建議最佳的運動，還是以親子都能進行的雙人瑜珈、推寶寶散步的公園之旅，或利用抱寶寶的時機進行手臂塑身計畫，更是事半功倍呢！

## 產後在家坐月子好，還是住月子中心好？

幾乎所有的孕媽咪在懷孕期間，最擔心的就是坐月子要去哪裡做、以及怎麼做，深怕沒有事先做好功課，因懷孕造成的體質變化無法恢復，不僅影響自身下半輩子的身體健康，也怕影響寶寶的成長發育。

其實，以中醫師的觀點建議，坐月子的環境並非最大的考量，重點在於，產婦及寶寶是否能夠得到最大的休息及照顧！以最常見，生第一胎的新手媽媽為例，產後媽媽第一個最擔心的就是餵母奶的情況，奶多怕乳腺阻塞，奶少怕寶寶餓到；接下來，就是一連串擠奶、餵奶、洗奶瓶的重複步驟，平均每三到四小時循環一次。在產後虛弱及元氣大傷的情況下，如果媽媽還要擔心小孩溢奶、換尿布、洗屁股、莫名哭鬧，甚至黃疸、發燒等情況，根本是無法安心坐月子的。所以對於初產婦、沒經驗的媽媽而言，月子中心如果有附設專業的嬰兒房護理師及小兒科醫師團隊，新手媽媽至少可以比較放心地把小孩交給專業的醫療團隊照顧，同時自己可以偷點時間休息，順便在短短的一個月內學習照顧新生兒的初步技巧，可說是一舉數得。

如果選擇的月子中心同時又能兼顧產後分階段的藥膳調理，對於身體的恢復更是大有助益，如果還有專屬的會客室及規定的會客時間，產婦也不用擔心訪客來時自己正在哺乳、衣衫不整或蓬頭垢面，畢竟在傳統的華人世界，在家坐月子很難拒絕親朋好友的拜訪及道賀。

所以，產後在家坐月子很好，環境熟悉又自由；在月子中心也很好，享受專人服侍及照顧的感覺，又能讓寶寶得到專業的看護；請月嫂也很好，如果是彼此投緣的情況下，等於幫寶寶找到一個潛在的保母，同時家人原本的生活型態也比較不受影響，只是月嫂下班後，夫妻雙方要共同負擔起夜間照顧小孩的責任。

如果最後決定要選擇月子中心，記得一定要先確認是否為政府合法立案的「產後護理之家」，護理人員與嬰兒照顧的人力比，建議最好是一位護理師照顧五到八位嬰兒就好，同時確認嬰兒室是否透明化，方便觀察，同時提供的月子餐是否有中央廚房，是否有營養師調配，如果有藥膳料理，最好有固定的中醫師可以諮詢，而媽媽的用品、寶寶的紀錄、相關的合約及價格，都是準媽咪們要特別注意的細節喔！

# 第四章
# 中醫師的食補食譜

# 青木瓜山藥雞湯

## 針對一般體質的發奶推薦食療

**材料：**

青木瓜半顆、雞腿二隻、山藥一段、枸杞十克、紅棗十克、黃耆十克、薑適量、米酒適量、麻油適量

**作法：**

1. 青木瓜去皮去籽後切塊備用、山藥去皮切塊備用、雞肉剁大塊備用。
2. 將雞肉帶皮的部位朝下放在鍋內，然後先用中火把雞油逼出來，先炒薑片。
3. 等薑片煎至微焦，加入麻油、米酒、四碗冷水連同雞肉一起燉煮。
4. 水滾後加入青木瓜及山藥，並以小火燜煮二十分鐘，食用前加適量鹽調味即可。

**功效：**

青木瓜性平偏涼，含有豐富的營養素及蛋白質分解酶，搭配肉品調理，可以幫助蛋白質的吸收，木瓜酵素可以讓肉質更滑嫩可口，幫助食慾不佳的產婦補足必需的營養；山藥增加健脾補胃的功能，一方面增加乳汁分泌，另一方面也讓胸部保持彈性。

# 花生豬腳湯

## 針對一般體質的發奶推薦食療

**材料：**
豬腳一斤、花生四兩、枸杞四兩、紅棗十顆、當歸一片、薑四片、米酒少許

**作法：**
1. 帶殼花生先剝去殼後，泡水蓋過花生一晚備用。
2. 豬腳汆燙掉血水及多餘的油脂後，放入鍋中、加入濕花生、枸杞及紅棗，內鍋加水淹過豬腳，外鍋放二杯水，跳起來再重複一到二次，即可食用。

**功效：**
花生又稱長壽果，是高脂肪、高蛋白的食品，同時富含不飽和脂肪酸，好的膽固醇，同時含有豐富的維他命E，加上豬腳本身豐富的膠質及蛋白質，是產後婦女發奶的首選藥膳良方。

# 鱸魚當歸湯

## 針對一般體質的補血推薦食療

**材料：**
活鱸魚一條、當歸三兩、枸杞一兩、薑片少許、米酒少許

**作法：**
1. 活鱸魚先取魚頭及魚骨熬湯，小火燉二十分鐘，等湯色呈現淡白色後，加入薑絲及當歸片繼續熬煮。
2. 十分鐘後加入魚肉片，三分鐘後加上米酒少許，肉熟即可食用。

**功效：**
當歸性溫味甘辛，用於產後補血活血、潤腸通便、幫助子宮收縮、惡露排出，同時預防掉髮。

# 何首烏雞湯

## 針對一般體質的落髮推薦食療

**材料：**制何首烏五克、當歸五克、枸杞五克、烏骨雞雞腿肉一支、橄欖油少許、米酒適量

**作法：**

1. 將中藥材洗淨後，與切塊的烏骨雞雞腿一同放入鍋中，清水淹過雞腿。
2. 置入電鍋內，在外鍋放二杯水，按下開關，跳起即可食用。

**功效：**何首烏氣溫味苦澀、溫補肝，苦補腎、澀斂精氣，具有養血益肝、強筋健骨的作用，臨床上會以黑豆加何首烏一起蒸煮後再曝曬，此過程需反覆數次，利用黑豆解毒、補腎氣的作用，強化何首烏補腎及烏髮的效果，稱作制何首烏。制何首烏能補肝腎、益精氣、烏鬚髮、強筋骨。多用於血虛萎黃、眩暈耳鳴、鬚髮早白、腰膝痠軟等。經過炮制後的何首烏不含毒性，可安心使用。

# 山楂番茄牛肉湯

## 針對一般體質的瘦身及補血推薦食療

**材料：**
牛肉片一百二十克、山楂二十克、紅棗六顆、中型番茄一顆、薑四片、蔥白四段、水五百CC

**作法：**
1. 將山楂及紅棗泡水三小時以上備用，番茄切塊備用。
2. 以少許麻油爆香薑片、將番茄炒軟，加入中藥材及水煮滾後轉中火，並加入牛肉片，轉小火續煮半小時即可食用。

**功效：**
山楂富含山楂酸及類黃酮，能幫助消化並減脂；牛肉及紅棗幫助補血，並富含豐富蛋白質及維生素，可以幫助補充體力、恢復元氣。

Recipe 6

# 甘麥大棗豬肉湯

## 針對一般體質的安眠推薦食療

**材料：**豬肉一兩、甘草十克、浮小麥十克、紅棗三顆、茯苓十五克、遠志五克、米酒少許

**作法：**豬肉洗淨汆燙去血水後，與浮小麥、甘草、紅棗、茯苓、遠志加入開水一同煮沸，待小火燉至豬肉熟透後即可食用。

**功效：**幫助補血養心、益肝寧神。

# 當歸滴雞湯

## 針對一般體質的發奶推薦食療

**材料：**

當歸一片、雞胸肉一片、薑四片、蒜頭三顆、蔥白四段

**作法：**

1. 將雞胸肉、當歸及薑片放置蒸籠中，下方放上有點深度的淺盤，直接放入電鍋中。
2. 電鍋外鍋加二碗水，跳起來後，重複再加一碗水再跳一次，即可自製當歸滴雞精。

**功效：**

當歸補血、雞肉湯汁富含豐富胺基酸及維生素，適合產後體質虛弱，又胃口不佳的媽咪補充體力使用。

Recipe 8

# 香菇蛤蜊湯

## 針對一般體質的發奶推薦食療

**材料：**

香菇二十朵、蛤蜊半斤、雞肉二百克、黃耆十克、枸杞十克、紅棗三顆、薑四片、米酒少許

**作法：**

1. 所有食材洗淨並瀝乾備用，蛤蜊先吐沙備用，香菇去蒂後泡軟備用。
2. 湯鍋加二千CC開水及薑、香菇，煮滾後加入蛤蜊及雞肉片，繼續燉半小時即可食用。

**功效：**

香菇富含多醣體、多種礦物質及維生素，可以補益五臟、強化免疫功能；黃耆可以補充元氣、緩和產後媽咪焦慮的情緒，同時具有清熱、利尿及安神除煩的效果；蛤蜊具高蛋白質及微量元素，可以幫助媽咪滋陰清熱，同時還能幫助補充元氣，富含元素鋅，能幫助提升免疫力。

# 川七鱸魚

## 針對一般體質的疲勞推薦食療

**材料：**

鱸魚二百克、川七十克、枸杞十克、老薑四片、蔥白四段

**作法：**

1. 將所有材料洗並備用，湯鍋內加水二百CC，先把川七、老薑及枸杞煮滾。
2. 再放入鱸魚及藥汁，以適當鍋子清蒸，煮滾後燜二十分鐘，加上青蔥，即可食用。

**功效：**

鱸魚可以強化骨骼，促進產後傷口癒合；川七可以活血化瘀、調節血壓、恢復疲勞。

# 黃耆豬肝湯

## 針對一般體質的補氣血推薦食療

**材料：**
黃耆十五克、當歸三克、豬肝二百克、麻油少許、米酒少許

**作法：**
1. 將所有材料洗淨，豬肝用滾水略為汆燙。
2. 以少許麻油爆香豬肝至表面略焦，加入水一千五百CC、黃耆及當歸，煮滾後轉小火燉十分鐘，加鹽調味後即可食用。

**功效：**
黃耆可以補氣固表、消腫利尿；當歸幫助補血、促進產後子宮收縮；豬肝含有豐富的鐵質及維他命A及B，可以幫助恢復產後氣血循環。

# 健脾四神湯

## 針對一般體質的補益腸胃、強壯筋骨推薦食療

**材料：**豬肉四兩、淮山一百克、茯苓二十克、蓮子二十克、芡實二十克、當歸十克

**作法：**

1. 鍋中放入所有的藥材，加入二千CC開水煮滾後轉小火再燉煮半小時。
2. 食用前依個人口味滴入少許米酒及鹽即可。

**功效：**

山藥補益脾胃；茯苓利水滲濕，適合經常水腫的人；蓮子養心益腎，能夠緩解因心腎不交產生的虛煩失眠、心悸等狀況；芡實益腎健脾、收斂固澀的特性，對於經常軟便、腹瀉的人有幫助；適合常拉肚子、身體虛弱的人，用於調理脾胃。

# 黑豆燉腰花

## 針對一般體質的補腎發奶推薦食療

**材料：**
腰花一百五十克、黑豆五十克、黃豆五十克、蔥少許、薑少許、麻油少許、酒適量

**作法：**
1. 黑豆、黃豆泡水三小時，以電鍋蒸熟備用。
2. 以少許麻油爆香薑絲、蔥，加入腰花炒至表面略焦，加入黃豆及黑豆略為拌炒，加水二百CC，煮滾起鍋前加點米酒，即可食用。

**功效：**
腰花富含維生素B6、B12，能健腰補腎、理氣利水；黑豆可促進發奶、強壯筋骨；黃豆可健脾利濕、幫助補益氣血。

Recipe 13

# 桂圓紅棗茶

## 針對一般體質的發奶推薦食療

**材料：**

桂圓二十克、紅棗二十克

**作法：**

將所有食材洗淨，加入五百ＣＣ的水，煮沸後燜二十分鐘，即可飲用。

**功效：**

紅棗富含膳食纖維及果膠，除了補血，還能促進腸胃蠕動、幫助消化；桂圓可以養心健脾、寧心安神。

# 芝麻糊

## 針對一般體質的通便、烏髮、發奶推薦食療

**材料：**

黑芝麻一百二十克、枸杞四十克、蜂蜜少許

**作法：**

1. 黑芝麻以小火炒香，注意別炒焦，先泡水一晚備用。枸杞泡水三小時備用
2. 把瀝乾的黑芝麻及枸杞倒入果汁機，加入五百CC開水打至完全無顆粒感。
3. 把上述步驟的糊狀物緩緩倒入一千CC冷水中，以小火邊煮邊攪拌，適時加入蜂蜜，等芝麻糊變濃稠起小泡時，即可食用。

**功效：**

芝麻富含脂肪，可補中益氣、降低膽固醇，同時具有烏髮、通便、發奶等功效，同時可以幫助產後婦女子宮收縮，富含的木酚素可以抗老化，改善關節疼痛及皮膚搔癢等症狀。

Recipe 15

# 杜仲山藥湯

## 針對一般體質的腰痠推薦食療

**材料：**

杜仲二十克、山藥二十克

**作法：**

杜仲打碎，放進紗布袋裡。將紗布袋及切丁的山藥加入五百CC開水中，煮滾後燜二十分鐘，即可飲用。

**功效：**

杜仲含杜仲膠、生物鹼，能強健筋骨、補虛止腰痠；山藥可以固腎補脾、促進蛋白質的吸收、幫助產後恢復體力。

# 紫米核桃粥

## 針對一般體質的發奶推薦食療

**材料：**

紫米一百克、核桃五十克、紅棗十克

**作法：**

將所有食材洗淨瀝乾，加入二千CC冷水煮滾後、轉小火續煮半小時，燜一下即可食用。

**功效：**

紫米富含鐵質及微量元素、可以幫助補血、促進腸胃蠕動；核桃富含蛋白質及不飽和脂肪酸，紅棗幫助產後大補氣血及發奶，三種食材一起食用，適合產後奶水不足的媽咪。

# 木耳蓮子湯

## 針對一般體質的便秘推薦食療

**材料：**
新鮮白木耳二十克、新鮮蓮子二十克

**作法：**
白木耳汆燙備用、蓮子去蓮子心備用。所有材料加入二千ＣＣ開水煮滾後轉小火、續燉半小時，即可食用。

**功效：**
白木耳可提升肝臟的解毒功能、幫助增強免疫力；蓮子養心安神、益智健腦、幫助消除產後疲勞。

# 當歸補血湯

## 針對一般體質的補血推薦食療

**材料：**
當歸二克、黃耆十克

**作法：**
所有藥材洗淨後，加入二百CC開水，煮滾後燜一下，即可飲用。

**功效：**
當歸有極佳的補肝血作用；黃耆則能補氣；兩者合用對於改善產後女性血虛及疲勞非常有效。

●●●●●●●● Recipe 19

# 遠志棗仁粥

## 針對一般體質的安眠推薦食療

**材料：**

遠志三十克、酸棗仁三十克、粳米十克

**作法：**

所有藥材洗淨後，加入一千CC開水，煮滾後燜一下，即可食用。

**功效：**

遠志能安神益智、祛痰消腫；酸棗仁能鎮靜寧心、抑制中樞神經系統；兩者合用有助於紓壓解鬱、並提升睡眠品質。

Recipe 20

# 百麥安神飲

## 針對一般體質的安眠推薦食療

**材料：**百合三十克、麥門冬三十克

**作法：**所有藥材洗淨後，加入五百ＣＣ開水，煮滾後燜一下，即可飲用。

**功效：**有益氣養陰、清熱安神之功效。

# 生化湯

## 針對一般體質的宮縮推薦食療

**材料：**當歸二十四克、川芎九克、桃仁九克、炮薑二克、炙甘草二克

**作法：**所有藥材洗淨後，加入五百CC開水，煮滾後燜一下，即可飲用。

**功效：**用於促進產後的子宮收縮，多用於產後惡露未盡時，養氣活血、排除惡露。

# 補中益氣湯

## 針對一般體質的補氣推薦食療

**材料：**
人參三克、黃耆五克、當歸二克、白朮三克、柴胡二克、升麻二克、陳皮二克、甘草五克

**作法：**
所有藥材洗淨後，加入五百CC開水，煮滾後燜一下，即可飲用。

**功效：**
三種補氣藥人參、黃耆、白朮同時使用，使陽氣升提向上，濕氣向下，以免濕氣傷脾；黃耆與當歸同用，既補氣，又補血；是「補氣第一名方」。

Recipe 23

# 天麻什錦飯

## 針對一般體質的安眠推薦食療

**材料：**天麻十克、燕麥十克、小麥十克、芝麻十克、枸杞十克

**作法：**所有藥材洗淨後，加入一千CC開水，煮滾後燜一下，即可食用。

**功效：**可幫助健腦強身、鎮靜安眠。

Recipe 24

# 十全大補湯

## 針對一般體質的發奶推薦食療

**材料：**當歸五克、川芎五克、白芍五克、熟地黃五克、人參五克、白朮五克、茯苓五克、甘草五克、黃耆五克、肉桂五克

**作法：**所有藥材洗淨後，加入一千CC開水，煮滾後燜一下，即可飲用。

**功效：**氣血雙補、溫陽禦寒、幫助產後恢復。

附錄

# 新手媽媽的寶寶教戰手冊

## Q：寶寶需要清舌苔嗎？

A：是的。中醫經常透過寶寶舌苔的厚薄和顏色，來辨別健康情形，通常健康寶寶的舌苔顏色應該是「舌質淡紅、舌苔薄白」。如果舌苔由薄轉厚、或由少而多，通常表示疾病進行中；相反的，如果舌苔由厚變薄、或由多轉少，則表示病氣逐漸消退。寶寶的舌苔是因為牛奶的殘渣附在舌頭或是口腔黏膜上面，形成一層淡淡的白色物質，大部分是因為寶寶沒有喝水只有喝奶，導致奶垢堆積的症狀，嚴重時會造成寶寶口腔內膜壁上出現白色顆粒的小斑點，或是嘴角旁邊有黃白色的痕跡，也就是所謂的鵝口瘡，這時候就需要藥物治療了。

所以可以在寶寶喝完奶後，讓寶寶喝些白開水，一方面清洗舌苔，一方面也可以清潔口腔；也可以使用沾濕的棉花棒或紗布直接清洗寶寶的舌頭，或是使用市售的矽膠刷牙齒套，要特別注意的是，要輕輕的刷不可以太用力，因為寶寶的舌頭又軟又嫩，很容易弄傷。

## Q：寶寶紅屁股，怎麼辦？

A：寶寶的皮膚非常嬌嫩，厚度也比成人薄，長時間使用尿布的情況，非常容易產生尿布疹，也就是俗稱的紅屁股。寶寶發生尿布疹的原因非常多，包括尿液或糞便中的刺激物質，破壞了寶寶皮膚的角質層、細菌或黴菌的感染、不透氣及悶熱造成的熱疹，或是濕疹、毛囊發炎等等原因。最常發生的部位如兩側腹股溝、腰臀部、肛門口、大腿根部，甚至在生殖器周圍。

預防勝於治療，對於寶寶紅屁股，盡量做到每次排便後更換尿布，最好能以清水直接清洗寶寶的屁股，不要添加任何的清潔劑，因為寶寶的皮膚有一層天然的保護性油脂「胎脂」，是新生兒的天然保護屏障，任何香皂都會影響寶寶肌膚的酸鹼值，所以建議以溫和的清水清洗，有必要時還需再擦上薄薄的凡士林或純中藥的紫雲膏。

選擇合適腰圍及大腿圍的尿布，也是避免悶熱及過度摩擦的方式。如果寶寶經常腹瀉，導致糞便無法成型，建議要從調整寶寶飲食做起。如果寶寶已經開始吃副食品，也可以透過中醫的治療，給予芳香化濕、清熱利濕、健脾和胃等中藥，重新調整腸道的功能。

## Q：如何調理寶寶的作息？

A：寶寶從出生到身體完全發育成熟之前，身體一直處於一個不斷成長的動平衡狀態，中醫理論認為，小孩不是大人的縮小版，小孩體質有幾個特性，根據明代兒科醫家萬全所言：「小兒肝常有餘、脾常不足、心常有餘、肺常不足，腎常虛。」所以小孩在夜裡經常會因為肝常有餘、心常有餘，而呈現肝火旺盛或心火旺盛的現象，臨床表現通常為心神不安、夜驚或多夢等。

所以寶寶的作息建議從早睡進行，同時早上盡量讓陽光照進室內，讓寶寶感受日夜的變化，同時了解白天是清醒的時候，晚上暗暗的是睡覺的時間，通常幾個月之後，寶寶就能夠配合大人的作息了。

## Q：寶寶專屬按摩怎麼做？

A：與寶寶按摩，是非常適合新手爸媽與寶寶的專屬溝通方式，透過這樣的肌膚之親，可以了解寶寶在哭聲背後所代表的意義，讓寶寶感受安全與關愛，消除寶寶的各種不適與不安。

就算是從來都沒有上過任何寶寶按摩課程的新手爸媽，也可以輕易地學會與寶寶互動，只要掌握大原則，在寶寶願意與人互動時，在清醒安靜的狀態下，就可以跟寶寶進行按摩。

中醫經絡建議，寶寶腳底最凹陷處的湧泉穴，是非常適合暖身的第一步。如果寶寶不是剛吃飽，也可以讓寶寶趴著，脫去外衣，輕輕沿著脊椎兩側揉捏，疏通身體的督脈及膀胱經，活絡身體的陽氣，可以幫助寶寶促進體內氣血的循環，同時調整體內的臟腑。

## Q：寶寶睡不著，到底能不能搖啊？

A：寶寶喜歡韻律感，輕輕的有節奏的搖晃，可以讓寶寶產生安心的感覺，偶爾把寶寶舉高高，也會讓寶寶覺得很開心，所以只要避免過度用力的搖晃，或是將寶寶拋到空中拋接，同時時間避免超過十分鐘，注意寶寶有沒有昏睡或哭鬧的情況，如果都沒有以上的情況，適當的搖晃安撫是可以的。

## Q：寶寶的排便，怎麼樣才算是正常的呢？

A：寶寶大便狀況反應胃腸系統功能，吃母奶的寶寶的大便普遍是黃色，吃配方奶寶寶的則因成分的不同，會有綠色或其他顏色的大便。一般而言，只要不是灰白色的糞便，都可以再觀察。

吃母奶的寶寶，大便的形式通常都稀稀糊糊的，吃配方奶寶寶的大便則較為成形，或者是成條狀便。當寶寶開始吃副食品後，大便會更加成形，甚至呈現一坨或是條狀。

吃母奶的寶寶，剛開始大便次數可以很多次，一天三至十次都有可能。這時要注意寶寶的屁屁，避免尿布疹。隨著寶寶腸道系統的成熟，大便次數就會逐漸減少，開始變為兩到三天一次，甚至一周一次都有可能。

## Q：聽說讓寶寶趴睡，頭形會比較漂亮，是真的嗎？

A：不建議。寶寶的頭形雖然與睡姿有關，但和遺傳也相關，而且越來越多的研究顯示趴睡與嬰兒猝死症有關聯性。中醫建議透過正常的擺位，及技巧性的移動嬰兒的頭部，避免長時間固定擺同一個姿勢即可，而且在抱寶寶時，也要不時交換他們的位置，從左手臂換到右手臂、再換回來，等寶寶脖子稍硬，可以直立抱時，盡量讓他們離開嬰兒床，不要整天躺著，減少寶寶顱骨受壓。

CARE 038

坐好月子，過好日子：中醫師彭溫雅的女性調理書

作　　者—彭溫雅
攝　　影—詹建華
主　　編—余玫鈴
責任企劃—余玫鈴
美術設計—兒日
內文排版—極翔企業有限公司

編輯顧問—李采洪
發 行 人—趙政岷
出 版 者—時報文化出版企業股份有限公司
10803台北市和平西路三段二四〇號三樓
發行專線—（〇二）二三〇六—六八四二
讀者服務專線—〇八〇〇—二三一—七〇五
（〇二）二三〇四—七一〇三
讀者服務傳真—（〇二）二三〇四—六八五八
郵撥—一九三四四七二四時報文化出版公司
信箱—台北郵政七九～九九信箱

時報悅讀網—http://www.readingtimes.com.tw
電子郵箱—newtaste@readingtimes.com.tw
時報出版愛讀者粉絲團—http://www.facebook.com/readingtimes.2
法律顧問—理律法律事務所　陳長文律師、李念祖律師
印　　刷—詠豐印刷有限公司
初版一刷—二〇一八年十一月十六日
定　　價—新台幣三八〇元



坐好月子,過好日子：中醫師彭溫雅的女性調理書 / 彭溫雅著. -- 初版.
-- 臺北市：時報文化, 2018.11
面；　公分. -- (Care ; 38)

ISBN 978-957-13-7583-0(平裝)

1.婦女健康 2.產後照護 3.中醫

429.13　　107017771

ISBN 978-957-13-7583-0
Printed in Taiwan